汪诘导演亲签

寻秘自然

Natural

汪诘 著

人民邮电出版社
北京

前 言

一部优秀的自然科学纪录片，会影响很多人的一生。

20 世纪 80 年代，美国科学家卡尔·萨根主导制作的科学纪录片《宇宙》（Cosmos），首次在全球掀起了科学纪录片的热潮，数以亿计的观众为它痴迷。30 多年后，另一位美国科学家尼尔·泰森拍出了《宇宙时空之旅》向萨根致敬。

科学是一种知识体系，也是一种思维方式，这里的"科学"可不是指科学成就。

其实，我也是被卡尔·萨根种下种子的孩子之一，但我没能成为科学家，而是成了一名职业科普作家。

大国崛起，不仅仅是经济的崛起，更需要科技和文化的崛起。过去的中国孩子，他们看着欧美的科学纪录片探索宇宙；我期待在未来，全世界的孩子都会看着中国的科学纪录片成长。

然而，长城不可能在一天建成，既要仰望星空，更要脚踏实地。

为此，我从 2019 年开始，走上了科学纪录片的创作之路，《寻秘自然》这个系列的影片从 2020 年开拍，截至 2022 年 6 月，已经完成两季，共八集，分别讲述了八个自然之谜：生命起源、探秘寒武纪、物种灭绝、地磁倒转、球状闪电、湍流之谜、快速射电暴和恒星光变。

这八个自然之谜是大自然留给人类的思考题，等待着科学家们找到最终的答案。

我非常荣幸，能与国内知名的人民邮电出版社合作，共同推出《寻秘自然》的图文版。

在从事科普创作的十多年间，我越来越觉得，这是一项令我甘愿奉献一生的伟大事业。传播科学，不仅仅是传播科学知识，更重要的是传播科学精神。

我相信：

一个人拥有科学精神，可以改变自己的人生；

一群人拥有科学精神，可以改变民族的未来。

汪诘

2022 年 05 月 24 日 于上海

01 生命起源
The Origin of Life

生命是我们这颗蓝色星球上最伟大的奇迹。天空、陆地、海洋，生命无处不在。**生命的诞生，恐怕是宇宙中最神奇的戏法。**自古以来，有无数的先贤大儒都问过这样的一个问题：我们从何处来？或许你会想，科学家们不是早已证明，人类都是从古猿进化而来的吗？可是，我可以继续追问: 古猿又是从哪里来的呢？如果这么不停地追问下去，最终就会到达问题的起点——**生命到底是如何从一个毫无生机的自然界中诞生的呢？**

哲学家们为此思考和争辩了几千年，从未停歇。而自现代科学诞生以后，科学家就从哲学家那里接过了这个问题。在这一卷生命演化的壮丽诗篇中，进化论向我们解释了生命诞生后的这一切是怎么发生的。但是，这一切到底是怎么开始的呢？换言之，进化论必须面对一个终极谜题：第一个生命是如何诞生的？

生命起源是人类都想破解的自然之迷

40 亿年前的奇迹时刻

地球在太阳系中刚刚形成时，是一个炽热的岩浆球。在这种"炼狱"般的环境中，没有可能诞生生命。后来，彗星的作用及地球自身的演化，使地表出现了大量的水，地球也慢慢冷却了下来，最终形成了海洋和陆地。

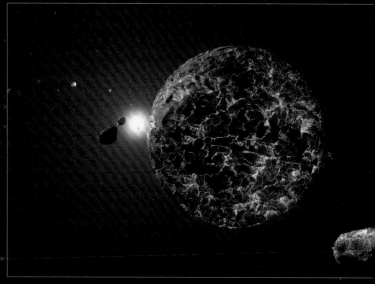

地球形成之初，只是一个毫无生机的岩浆球

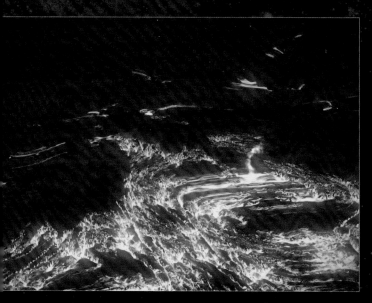

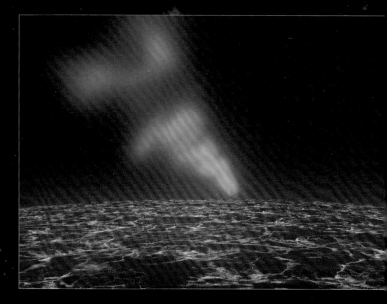

宇宙中的过客不仅为地球带来了水，还可能带来了最初的生命

不断降温的地球，逐渐变成了今天的模样

5

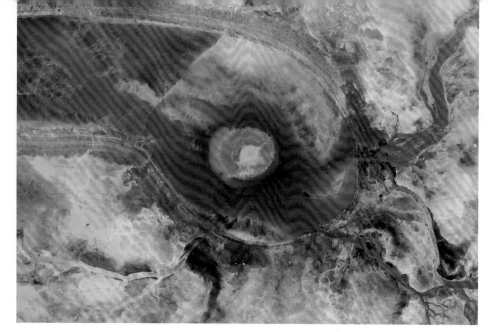

生命到底是地球的"原住民"还是"外星移民"

现有的最佳证据——加拿大魁北克省的微生物化石表明，地球上最早的生命，出现在距今 37.7 亿至 42.8 亿年间。

这些最古老的生命到底是如何出现的呢？**从逻辑上来说，只有两种可能：**一种可能是，生命从地球的自然环境中自发生成（自然发生假说）；另一种可能是，生命是被陨石从宇宙的其他地方带到地球上来的（宇宙胚种假说）。然而，宇宙胚种假说显然无助于我们解答生命起源的问题，因为它只不过是把这个问题甩给了宇宙中的其他星球，并没有真正回答生命到底是怎么诞生的。所以，科学家们最感兴趣的假说，还是自然发生假说，因为只有这个假说，才真正触达了生命起源的本质问题。

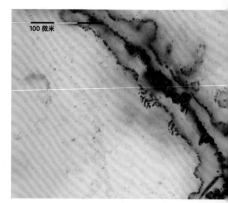

地球上最早的生命看起来就是这样的

假如展开想象，我们或许可以幻想这样一幅景象：大约 40 亿年前的地球，混沌初开，毫无生机。在一个奇迹般的时刻，地球的某一个角落，一小团由碳、氮、氧、磷等元素组成的物质，突然抽动了一下，第一个生命就这么诞生了。

然而，科学研究不能凭想象。再合理的想象，也需要证据的支撑。这也是科学研究与哲学思辨的区别之一。科学家们需要弄清楚的是：从无生命的物质到有生命的物质，这一切的转变到底是如何发生的呢？**而科学有一个最重要的特征：可重复性。**要想提出一个令人信服的解释，那么我们就必须要在实验室中再现生命创生的伟大时刻！

目前看来，生命的形成具有一定的偶然性

再现创生的伟大时刻

1953 年，在美国芝加哥大学的一间实验室里，有两个人向这个谜题发起了挑战。

一个叫斯坦利·劳埃德·米勒的年轻人，和他的研究生导师——1934 年诺贝尔化学奖得主——哈罗德·克莱顿·尤里教授，将水、甲烷、氨、氢气与一氧化碳这 5 种物质，密封在无菌状态下的玻璃管和烧瓶内模拟原始地球大气。然后把烧瓶和玻璃管连接成一个回路。在这个精巧的装置中，其中一个烧瓶装着半满的海水，另一个烧瓶则含有一对电极，以此模拟太古时代的地球环境。

他们首先将液态水加热产生水蒸气，然后给另一个烧瓶中的电极通电，产生电火花，这就模拟了闪电。水蒸气在经过电极之后，会在实验装置的底部重新冷凝成水。实验进行了一周，米勒和尤里惊讶地发现，在这些冷凝水中产生了一些黄绿色的有机物。虽然这些黄绿色的物质并不是生命，只不过是一些氨基酸之类的有机化合物，但米勒和尤里欣喜若狂，他们认为这是生命诞生的重要线索。

米勒 – 尤里实验在当时引起了极大的社会反响。生物学家们纷纷奔走相告，仿佛进化论的壮丽诗篇那缺失的序章终于被找到了，"生命从哪里来"这个终极哲学之问也随之被解答。当时的新闻报道给人的感觉，就好像只要把一些化学物质放到试管中用力地摇一摇，生命就会从里面爬出来……尽管从逻辑上来说，这个实验的结论其实无法解答生命起源问题，可人们还是乐于夸大它的作用，假装得到了满意的结论。

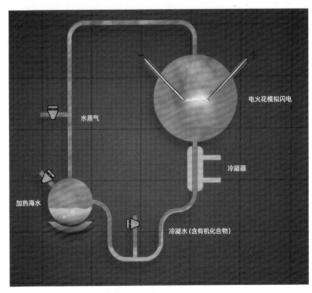

米勒 – 尤里实验结果一经发布，就引发了媒体与普通人对于生命起源的兴趣

然而真相是：当时的实验者对原始大气中的水、甲烷、氨、氢气与一氧化碳这 5 种物质的配比完全不清楚，即便碰巧实验条件和原始大气相同，但结果也只是合成了一些小分子有机物，这离最终形成生命还有"十万八千里"。他们合成的最主要物质是氨基酸，这是构成蛋白质的"零件"，而蛋白质又是构成细胞的零件，所以，**实验中合成的只不过是生命的零件的零件。**

从小分子有机物到氨基酸，再从氨基酸到蛋白质，再从蛋白质到核酸，再从核酸到一个单细胞生命，**在这一系列过程中，每一步都需要跨越一道巨大的鸿沟。**

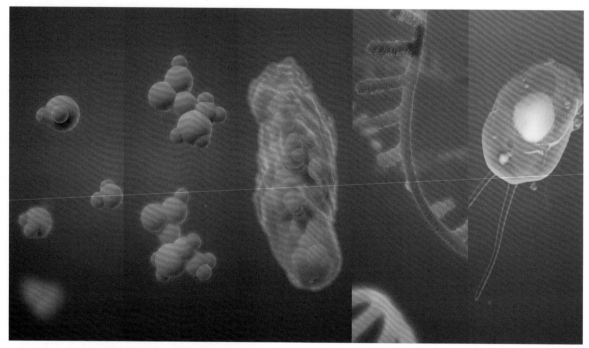

从小分子有机物到单细胞生命是一个极其艰难的变化过程

假如我们将一个氨基酸分子想象成一个小球，无数个氨基酸分子要在碰撞中随机地组成一个极其复杂的蛋白质分子，其概率就好像有一只猴子在打字机上随机地乱敲，结果出来了一部《西游记》一样。这种概率已经小到了荒谬的程度。

显然，大自然肯定不是这么干的。这么复杂的一个蛋白质分子，是不可能突然出现的。唯一合乎逻辑的生命诞生过程，也应当是一个简单的有机小分子，在特定环境中不断地演化，逐渐成为一个复杂的有机大分子。无数个有机大分子又通过随机组合，形成了第一个具备生命特征的分子团。而这个至关重要的第一个有机分子团，**必须具备一个神奇的功能——自我复制。**

自我复制有多难

分子团每一次自我复制所产生的随机性错误，才是大自然演化的终极奥秘。科学家们真正面临的挑战是，**第一个能够自我复制的有机分子团，到底是在什么样的环境中诞生的呢？**

从逻辑上来说，有两个必不可少的条件：一是需要有一个能让有机分子自由活动的环境，这样才有可能让小分子聚集成大分子；二是需要存在一个天然的物理屏障，这样才能保证小分子能聚集的同时又不容易散开。那么，地球上是否存在这样的天然环境呢？在哪里最有可能出现这样的天然环境呢？

满足第一个条件看上去并不难，只需要一个液态环境。因为在干燥的陆地上，由于重力的作用，稍大一点儿的分子就会落在地上，不容易移动，极其不利于大分子之间的接触，也就很难形成更加复杂的大分子结构。

不过，在纯粹的液态环境中也有一个麻烦：分子在液体中会均匀地扩散开来。这就好像我们把一块方糖扔到一瓶水中，那么糖分子最终一定会均匀地扩散在水中，而不可能反过来重新聚集成一块方糖。这是由热力学第二定律决定的。这种效应也不利于大分子稳定聚集在一起形成复杂结构，所以，生命诞生的环境必须满足**第二个条件——天然的物理屏障**。

生命的诞生不仅需要水，更需要独特的物理环境

什么是热力学第二定律 ◀

这恐怕是所有物理定律中最难说清楚的定律之一。而且"热二"（热力学第二定律的简称）的表述形式也特别多——不下10种，比如最早的表述是这样：不可能把热量从低温物体传递到高温物体而不产生其他影响。或者这样：不可能从单一热源吸收能量，使之完全变为有用功而不产生其他影响。这两种表述算是最通俗易懂的，但是严谨程度不够。后来的科学家继续把这条定律发展成这样：在一个系统的任意给定平衡态附近，总有这样的态存在，即从给定的态出发，不可能经过绝热过程得到。又发展成这样：对于一个有给定能量、物质组成、参数的系统，存在这样一个稳定的平衡态，即其他状态总可以通过可逆过程达到。现在被广泛接受的对"热二"的表述为：任何孤立系统中的熵（系统混乱程度的度量值）只能增大不能减小。

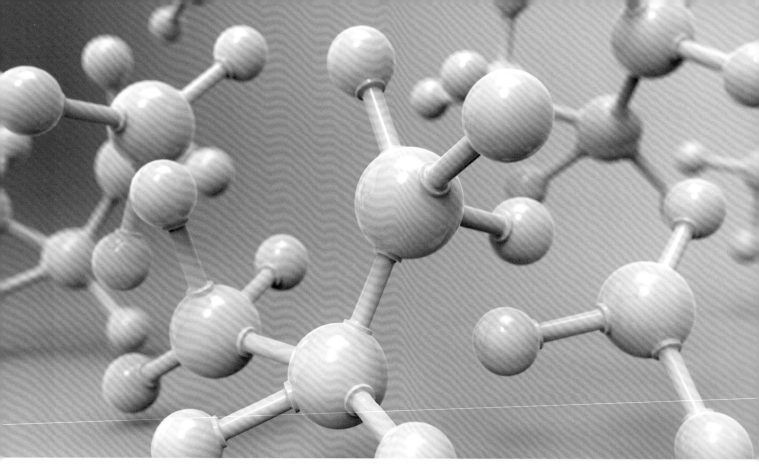

分子只有在特定条件下才能形成更加复杂的结构

或许有些人会质疑：这些所谓物理法则，是不是限制了科学家们的想象力，从而成为一种思维禁锢呢？

这种质疑是站不住脚的，如果脱离已知的物理法则去思考生命的起源，就好像不懂力学定律却要制造火箭一样，永远只能是空想。

在地球上能满足第一个条件的环境，科学家们首先想到的就是海洋，但问题是海洋很难满足第二个条件，因为海洋中的水太多了，分子无法自然聚集起来，**这两个条件似乎存在着矛盾，很难同时满足**。直到 1977 年发生了一件令生物学家们激动不已的事情，让生物学家们看到了一个过去未曾想过的奇特环境！

海底"黑烟囱"揭开生命起源之谜

1977 年，阿尔文号潜艇在太平洋中著名的加拉帕戈斯群岛附近的海域，潜入了将近 2500 米深的海底。在这片完全漆黑、压力巨大的环境里，科学家们发现了数十个不停地喷着黑色和白色烟雾的丘状体——含有硫化物的炽热液体从直径约 15 厘米的丘状体中喷出，附近的水温超过 300 摄氏度。科学家们形象地把这些喷着烟雾的丘状体统称为海底"黑烟囱"。令人震惊的是，在这样一个似乎是生命禁区的地方，人们发现了生命！

海底"黑烟囱"附近的水温超过 300 摄氏度，但这里仍有顽强的生命

两年后的 1979 年，更多的生物学家乘坐阿尔文号回到这里，对海底"黑烟囱"进行了一次全面的考察，这次考察刷新了人类对生命的认知。在这样的极端环境中，竟然存在着一个完整的生物群落，从细菌到各种蠕虫，再到"虾兵蟹将"，应有尽有。这些生物不需要氧气，仅靠海底火山口的热量以及各种硫化物就能获取维持生存所需的能量。其中，嗜热细菌甚至能够在 350 摄氏度的高温海水中存活。海底"黑烟囱"的发现，彻底刷新了人们对生命的旧有认知，激发了一大波科学家的热情。那么，这些"黑烟囱"到底是怎么形成的呢？

原来，在深邃的大洋底下，隐藏着地壳板块之间的裂缝，顺着裂缝继续深入，则是更接近地心的岩浆池。每当海水渗入这些裂缝，就会被加热到几百摄氏度，由于温度高的水比温度低的水密度更低，这些滚烫的水就会从裂缝中喷涌而出。与此同时，来自地球深处的各种化学物质也被抛洒出来，这样一来，构成生命物质的"材料"就有了。

接着，高温海水遇冷降温，被抛洒出来的化学物质也就慢慢沉淀下来，在大洋底部形成厚厚的沉积物。而这些沉积物往往有着非常疏松的结构，就像海绵，布满了微小的孔洞。这些孔洞会形成类似喇叭口的结构，这样一来，物质就会"进去容易出来难"了。于是，在这样的环境中，生命起源所需的两个重要条件，奇迹般同时具备了。

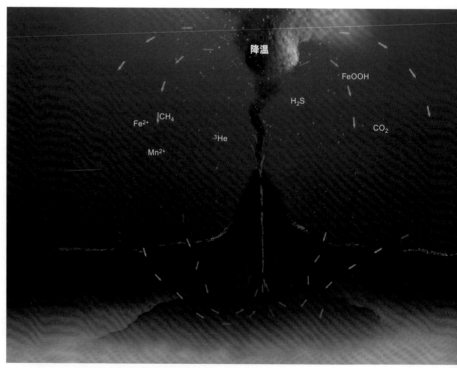

海底"黑烟囱"生态示意

在"黑烟囱"附近有充足的水，其中的各种有机分子可以自由活动。然后，它们又容易被密密麻麻的孔洞结构困住，使得小分子有机会碰撞聚合成大分子，大分子进一步聚合成更大的分子，复杂结构就在这样的碰撞、聚合中逐渐形成了。

实际上，在大洋深处也并不是完全黑暗的。有一次，科学家关掉了深潜器的灯光，在深度约 5000 米的一片漆黑环境中，他们在涌出热水的裂隙出口发现了光线，这种光线可能会被很早以前的生物利用。果然，后来科学家们在"黑烟囱"附近发现，有一种虾的背上有感光区，它能够感知蓝绿光线。

可能你以为，要寻找生命起源于海底"黑烟囱"的证据，那就必须要到深深的大洋底部去。其实不必，因为地球上的海洋与陆地一直都在变迁中，远古时期的海洋到了今天就有可能成为陆地。所以，我们完全有可能在陆地上找到"黑烟囱"的遗迹。

深海中的一种虾为了适应环境，进化出了能够感应光线的身体结构

10 多亿年前的汪洋大海最深处，如今成了陆地，生命起源的证据因此被人类发现

 # 河北兴隆的"黑烟囱"遗迹

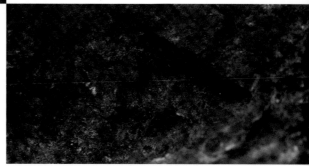

2002 年的 5 月，北京大学李江海教授的课题小组，在河北兴隆县的安子岭，发现了距今 14.3 亿年的保存完整的海底"黑烟囱"的遗迹！14 亿年前，华北地区还是一片汪洋大海，而兴隆一带，正处于大裂谷最深的海底。在海底"黑烟囱"的附近，生成了大量的硫化物矿石。这些从当地 700 多米深的地下挖出的符合海底"黑烟囱"特征的矿石，就是最好的证据。

兴隆县"黑烟囱"遗迹被发现以后，吸引了大量的国内外研究者，很多重要的研究成果陆续发表出来。其中，2007 年 8 月，地质学家柯斯基在《冈瓦纳研究》上发表了一篇论文，该文指出：他在这些"黑烟囱"的化石中发现的东西，和今天科学家在海床上发现的古生菌的结构几乎完全一样。这是生命起源于海底"黑烟囱"假说的一项有力证据。

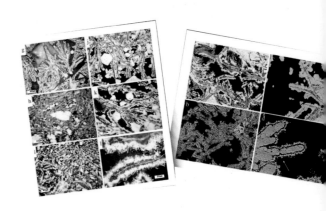

"黑烟囱"的化石中存在与海床上相同的古生菌痕迹

生命的"黑烟囱"起源假说，是目前科学界接受度最高的一种假说。在全世界任何一个自然科学博物馆，讲解员都会给你讲生命从海洋爬上陆地的故事。它甚至影响到了人类探索外星生命的方向。如果说"黑烟囱"假说是成立的，那么在木卫二（欧罗巴）和土卫二（恩克拉多斯）冰封的大洋底下，就完全有可能存在生命。

不过，到目前为止，生命诞生于海底"黑烟囱"的观点，我们还只能说它是一种假说，因为一个理论是否成立，最关键的还是要看实验数据是否支持。遗憾的是，科学家们目前并不能在实验室中重现生命诞生的奇妙过程。

其实，"黑烟囱"假说并不是生命起源的唯一解释。最近这几年，就有一些学者提出了一种完全不同的生命起源观点，这种观点指出，生命很可能起源于陆地热泉。

陆地热泉也具有生命诞生的条件

地表热泉孕育原始生命

生命诞生需要两个不可缺少的条件：一是液态环境，二是天然的物理屏障。科学家们已经证实，远古地球上的海底"黑烟囱"附近可以同时具备这两个条件。那么，除此以外就没有其他地方也同时具备这两个条件吗？在"黑烟囱"假说被提出后的很长一段时间，都没有与之竞争的假说。直到2015年前后，科学家们又提出了另外一种截然不同的假说：在古老地球的火山附近，有着大量的热泉和间歇泉形成的水池，这类水池干湿交替，不断循环，它的热量可以催化各种化学反应。在干旱期，简单分子可以聚合成为复杂分子，到了湿润期，这些聚合物则可以四处流动，如此反复，聚合物便会困于细小的孔隙中，并相互作用，甚至在脂肪酸构成的囊泡中进一步浓缩，而脂肪酸囊泡正是细胞膜的原型。简单来说，这些科学家认为生命并不是起源于海洋，而是起源于陆地热泉。

对于同一种现象可有不同的科学理论解释，这在人类科学探索的进程中太常见了。一个理论是否成立，关键看是否有足够的证据。那么支持生命起源于陆地的证据到底有哪些呢？

陆地上同样具备形成生命的客观条件

美国加利福尼亚大学圣克鲁斯分校生物分子工程系的戴维·迪默是较早提出陆地热泉说的科学家之一。为了验证自己的推断，迪默前往俄罗斯的堪察加半岛的火山口寻找证据。堪察加火山一带的热泉和间歇泉密布，是最接近 38 亿年前原始地球的环境。

迪默随身带了一小袋粉末，粉末中包含着一些常见的化学物质，也就是在地球原始环境中可能存在的形成生命的原料。迪默把这些物质倒入一个翻滚着的热泉泉眼，泉眼边随即出现了一圈白沫，这些白沫中包含着无数气泡，每个气泡都包裹着"原始汤"中的化合物。如果这些气泡在水池边上干涸，它们里面那些挨在一起的物质会结合成聚合物吗？这个阶段有可能为产生第一个生命打下基石吗？

迪默回到自己的实验室设计了一个实验，来模拟陆地热泉干湿循环的环境。最终他得到了一种较长的聚合物，而且这种聚合物还被脂类物质包裹起来，形成了大量微小的囊泡，他把它们称为原细胞。尽管它们还不算生命，但显然也是通往生命重要的一步了。

每一轮干旱都会让囊泡的脂类薄膜破开，让囊泡内外的聚合物和营养物质相混合，一旦重新被水浸润，脂类薄膜又会闭合，把成分不同的聚合物混合物包裹在里面。每一组混合物都在进行一场自然实验，原细胞越复杂，生存下来的概率就越大，那些适应性更强的原细胞会存活下来，并把它们的整套聚合物传给下一代，从此攀上进化的阶梯。

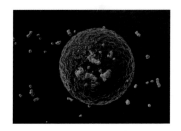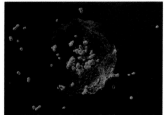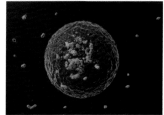

外部环境的变化，让分子透过囊泡薄膜相互聚合，等待形成生命的神奇时刻

这个过程就好像是有一台化学计算机，它启动了制造生命的功能，而这一切的开端，则是以聚合物形式随机写就的程序。2015 年 3 月的《自然·化学》期刊上刊登了一篇支持陆地热泉说的论文，其中讲到，英国剑桥大学约翰·萨瑟兰领导的研究团队发现：只用一些很基础的化学物质，加上紫外线的照射，就可以制造出最重要的生命物质——核酸前体。也许构成核糖核酸的化学物质没有人们想的那么难以形成，或许事实是构成其他生命材料的化学过程更难实现。萨瑟兰认为，早期地球陆地上的温暖水池环境，更利于这些反应的发生。更重要的是，来自太阳的紫外线是生命形成的关键因素，而它不能到达深海热液喷口。

来自太阳的紫外线是生命形成的关键因素

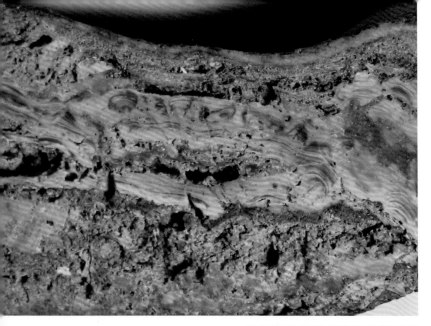

沉积岩层隐藏着地球早期的环境密码

发生在无数小池洼中的无数次物质交换，让物质变得越来越复杂，也越接近生命的起点

由此可见，无论是迪默还是萨瑟兰的研究成果，都不是生命起源于陆地的直接证据，最多也只是验证了一些他们的初步想法。但是大自然是不是真的就是这么形成的呢？显然，光有简单的实验是远远不够的，我们还需要更多的证据。

两位来自澳大利亚的科学家，在澳大利亚西北部的一个叫皮尔巴拉的偏远地区，发现了一片古老的沉积岩层，它有 34.8 亿年的历史，被称为德雷瑟岩组。在这层岩石中有一些橙白相间的褶皱岩石——硅华，它们是地表火山口间歇泉催生的产物。这些石头里存在气泡，是气体陷入黏稠的膜中形成的。而这些膜很可能就是由远古的类似细菌那样的微生物制造的。这些发现表明，那里很可能发生过迪默在实验室中实现的干湿循环。

在 2017 年 5 月，这两位澳大利亚的科学家在《自然•通讯》杂志上发表了这些证据。他们认为，德雷瑟岩组所在地区曾经被地热系统所主宰，密布着热泉。这也意味着那里有生命起源所需要的关键要素，最重要的是那些复杂的组织结构。

德雷瑟岩组所在地区环境的多样性使其成为生命起源地的候选者。别看现在这里满是又干又硬的石头，可在 30 多亿年前，这里却是一个布满温泉的地热地区，拥有成百上千个小池洼。每一个小池洼的酸碱值和水温都是不一样的，化学成分也是千差万别，每天都在上演着无数轮的干湿循环。在这种情况下，不停交换的池洼中的化学成分，借由四通八达的缝隙网络，每年会产生至少数百万种不同的化学成分。

不过，到目前为止，陆地热泉说和深海"黑烟囱"说都还只是处在有待验证阶段的两种科学假说。要判定孰是孰非还有很长的一段路要走。有关生命起源的问题就像由很多块拼图拼成的一幅画，每块该放在哪里，我们如今还了解得不够。还有太多的世界未解之谜等待着我们去解答，比如，在合成或降解有机分子时，不同的化学物质是如何相互作用的？地热区域是如何随时间演化的？第一个能够自我复制的分子是怎样出现的？……令人欣慰的是，科学已经帮我们找到了通往答案的道路，迟早有一天，我们能够自信地回答这些问题。

什么是科学假说

并不是所有的猜想都能称为科学假说，有些只能称为胡思乱想。科学假说必须符合两个特征。
一是初步的证据和自洽的逻辑。任何科学假说都必须建立在一些基本的初步证据之上，假如以证据为原则，对一个现象的猜想可以有无穷多个，既可以用"上帝"也可以用"外星人"来解释。当然，除了基本的证据，推理论证的逻辑也必须是合理的、自洽的。

二是符合可证伪性。也就是说，科学假说必须提出一些预言，而这些预言又是可以被检验真伪的。比如说，对于生命起源这个问题，如果有人提出生命是上帝创造的，那么，他也同时要提出一些预言，而这些预言又有可能被证伪。换句话说，一个人提出猜想的同时也要敢于提出一个可以否定自己猜想的现象，否则就不能被称为"科学假说"。

02 探秘寒武纪
Cambrian Explosion

1697 年，英国博物学家爱德华·卢伊德在英国威尔士的一片非常古老的地层里，偶然找到了一块长相奇特的动物化石，他觉得这是一只古怪的比目鱼。实际上，他发现的正是日后大名鼎鼎的三叶虫，这是人类认识古生物的一次重要里程碑事件，三叶虫也代表了地球历史上一个无比辉煌的生命王国。

爱德华·卢伊德发现了史前生命王国的第一条线索——三叶虫

为什么叫寒武纪

人们发现，只要找对了地层，挖掘三叶虫化石是非常容易的事情。这种长得有点儿像甲虫的海洋生物遍布世界各地的矿床。和三叶虫一起出现的，还有许多千奇百怪的动物化石，最典型的就是奇虾、怪诞虫。

1835 年，英国地质学家塞奇威克觉得有必要给三叶虫生活的地质时期起个统一的名称，于是他用了 Cambria 这个名称，也就是英国威尔士的坎布里亚山，卢伊德最早发现三叶虫化石的地方。这个词最早传入我国时，用的译名是"寒武利亚纪"，后简称为"寒武纪"。

三叶虫化石在地球上分布极广

奇虾和怪诞虫也被认为是与三叶虫同时代的奇妙生物

寒武利亚纪和寒武纪这两个名称，你更喜欢哪个呢

23

现代人已经很难想象 19 世纪的欧洲人对地质学的热情有多高涨，那种盛况在整个科学史上都是空前的。无数人拿着地质锤在世界各地的岩石上敲敲打打，希望能发现一些有趣的东西。古老而神秘的寒武纪地层尤其令人着迷，因为这个地层中蕴藏着极为丰富的动物化石。

那时候的地质学家可没有那么多精密的年代测定设备，他们只知道越深的沉积岩越古老。而且谁也说不清楚这些岩石到底距今多少年。比如著名的地质学家巴克兰在面对一块动物化石时，他只能做出这样的猜测：它生活的年代大约是在 1 万年或 "1 万个 1 万年" 之前。

人们挖掘出的寒武纪动物化石越来越多，这让进化论的创立者达尔文感到心惊肉跳。因为按照他的观点，任何生物都有祖先。可是，寒武纪地层中的动物化石却像是凭空出现的，在全世界各地比寒武纪更古老的地层中，几乎都是一片空白。

面对神创论支持者们的诘问，达尔文也只能老老实实地写道："我很抱歉，对于在寒武纪之前的地层中没有找到对应动物化石的问题，我无法给出令人满意的答案。"

这是寒武纪带给我们的第一个谜题，它困扰了近代古生物学家 100 多年后，其答案才偶然浮现。

达尔文和他的进化论对后来人们研究生物进化产生了深远的影响

在古老的地层中发掘新奇化石一时间成了风靡欧洲的探索活动

比寒武纪更古老的埃迪卡拉动物群

1946 年，澳大利亚地质学家雷金纳德·斯普里格在澳大利亚埃迪卡拉山一座废弃的矿山中意外地发现了一些他从未见过的奇怪生物的化石。更重要的是，他判断这些化石所在的地层比寒武纪要早得多。不过，正如许多伟大的发现刚被提出时的命运一样，同行们都觉得斯普里格搞错了地质年代，连最富声望的《自然》杂志也拒绝了他的投稿。

转眼过去了 20 年，当年屡屡受挫的斯普里格也已经成为一名成功的企业家。就在斯普里格的发现几乎被人们彻底遗忘时，加拿大的阿瓦隆半岛上终于有了新的发现——大量软躯体结构的动物化石。

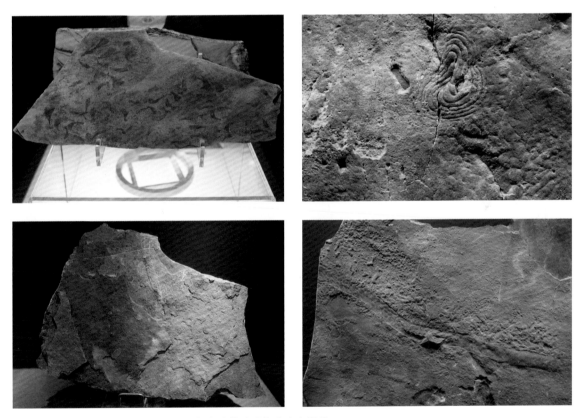

斯普里格在埃迪卡拉山的发现让人类已知的生物出现年代大大提前

得益于岩石测年技术的发展，这些化石被证实与埃迪卡拉山化石属于同一个地质期，都来自比寒武纪还要早4000万年的远古海洋。就这样，困扰了达尔文一生的重大谜题终于被解开了，比寒武纪生命出现更早的多细胞动物化石群就被命名为埃迪卡拉动物群。

后来，人们在世界各地陆续发现了埃迪卡拉动物群的化石。这个时期的动物，由于还没有演化出坚硬的甲壳或者骨骼，因此它们柔软的身体很难留下化石。在考虑了化石形成的难度和数量后，古生物学家们认为，这是一次不亚于寒武纪规模的生命爆发。

2015年3月，我国的古生物学家在贵州省的瓮安县发现了一块原始海绵化石，就来自距今6亿年的埃迪卡拉纪，这项发现把多细胞动物大爆发的时间又提早了2000万年。从埃迪卡拉纪动物化石中，我们隐约看到了从单细胞的原生动物到多细胞的后生动物的演化路径。

没有在地质研究上获得认可的斯普里格在商业领域做得风生水起

与埃迪卡拉山化石处于同一地质年代的阿瓦隆化石

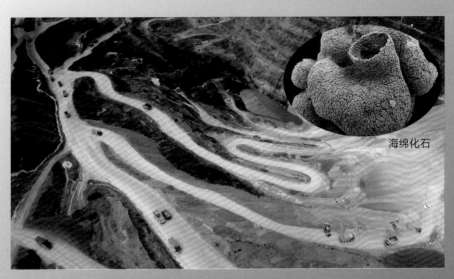

在瓮安县埃迪卡拉地层被发现的海绵化石,它其实只有 1 毫米宽

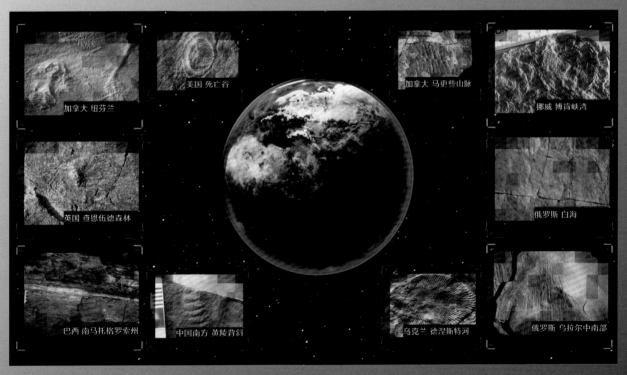

全球范围内发现的化石印证了更早生命的存在

海绵没有明显的组织和器官。当海水流过海绵身体的孔洞时，海水中的有机物质就会被过滤出来。海绵身体里大部分细胞的功能是完全相同的。细胞之间的联系很弱，甚至不怎么交换物质。把海绵切碎并不会杀死它们，只要把碎块再放在一起，它们就还会重新合为一体。

海绵有着萌萌的外表，身体结构也很简单

还有长得像植物的查恩盘虫，它的结构十分精致。查恩盘虫通过摆动纤毛，使海水流进有分支的消化管道。消化后的残渣会在纤毛的推动下原路返回，排出体外。

结构如此精致的查恩盘虫让我们惊叹造物之美

远古海洋世界孕育了地球的古老生命

栉水母是埃迪卡拉纪生物中的顶级设计，通过身体有节律的收缩进行游动，它们还能利用触手上的黏细胞粘住浮游生物。这种猎食方式使得它们从 5.8 亿年前存活到了现在。

埃迪卡拉纪的很多动物都有着简单的双层细胞结构，它们的受精卵经过很多次分裂，最终会变成一个软乎乎的球，也就是囊胚。球形的囊胚形成之后，会从某处向内凹陷，最终变成一个由双层细胞构成的半球。半球的开口位置就是它的口。食物从这个口被吃进去，消化后的渣子还要从原路返回，也就是再从口部吐出来。

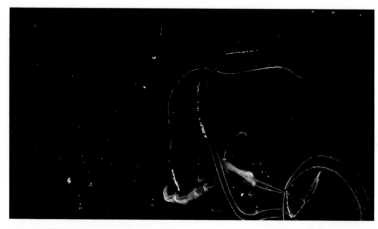

优雅的栉水母具有不可思议的生存能力

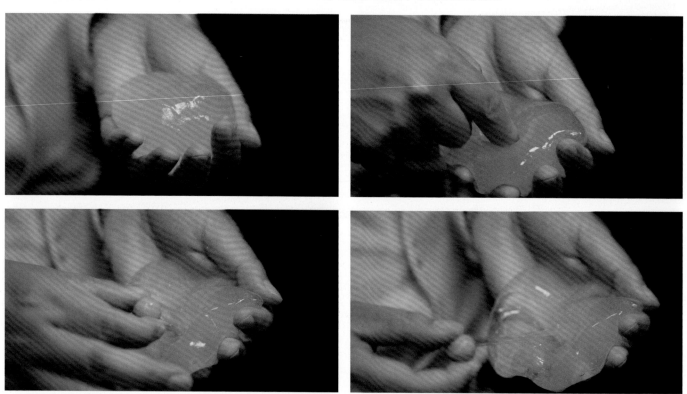

栉水母的进食与排泄演示

30

珊瑚是现今具有代表性的基础动物

栉水母、珊瑚、海葵都属于这类动物。这些动物看起来个头很大，其实细胞总数并不多，它们身体的大部分都是水。支撑这样的身体结构，不需要很多能量，只需要从海水里过滤营养物质或者少量捕食就可以维持生存。这类动物被统称为基础动物。

埃迪卡拉纪的地层中呈现了大量基础动物化石，但是，随着这些发现的增多，古生物学家们却越来越感到奇怪：这些外形奇特的基础动物，看上去与寒武纪的三叶虫、奇虾等经典动物之间，似乎没有太多联系。进化论可不允许出现掉链子的情况，这就好像我们倒下去也砸不到寒武纪。"寒武纪生命从何而来"之谜又一次被提了出来。这个谜又该怎么破呢？

埃迪卡拉纪动物似乎都是以海水中的有机物为生，没有互相捕食的关系，而寒武纪的动物存在着明显的弱肉强食的关系，这是二者最大的区别。要证明埃迪卡拉纪生命与寒武纪生命之间的联系，关键是要在埃迪卡拉纪中找到捕食关系的证据。

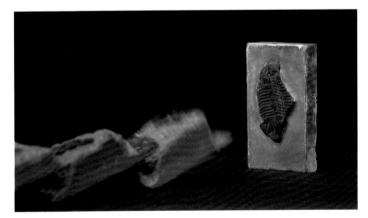

人类找到了比寒武纪更早的那块"多米诺骨牌"，但它离寒武纪仍然遥远

31

小壳动物群——演化的关键证据

地质学家们在埃迪卡拉纪晚期地层中发现的一类带有小型甲壳的动物化石，成为揭示真相的突破口。这个发现极为重要，因为小型甲壳动物不会孤立地存在，它们是在生存压力下演化出来的，换句话说，那时候的海洋中出现了能够吃掉软体动物的捕食者。

捕食者竭尽全力地寻找食物，而作为食物的一方，则会想尽办法保护自己。一旦捕食与逃避捕食成为常态，动物们就立即开启了无限循环的"军备竞赛"。正是这种军备竞赛，才引发了丰富多彩的寒武纪生命大爆发。

舌形贝　　　　软舌螺

甲壳就是软体动物为了应对捕食者而演化出来的

说出来可能让你感觉难以置信，引发埃迪卡拉纪晚期动物演化的关键，是一个听着不怎么令人愉快的器官。在这个器官出现之前，动物不论是吃东西还是排泄，使用的是同一个口。你可能觉得这太不卫生了，但动物们一开始并不在乎。

但这种方式有一个痛点，那就是在吃进去的东西要吐出去之前，动物没办法再吃别的东西。这样一来，吃东西的效率实在是太低了。奇妙的是，在某一次偶然的基因突变后，有一种动物的身体意外地又开了一个口，这个口就是肛门。自此，它们上面的口吃，下面的肛门泄，一刻不停，吸收营养的效率得到了极大提高。这是一种巨大的生存优势。

消化系统的成型，让一部分动物可以把富含营养的海底软泥当作食物，成为海底滤食动物。而另一部分动物则打起了海底滤食动物的主意。于是，演化的军备竞赛就这样开了。滤食动物为了不被吃掉，有的长出坚硬的铠甲（如三叶虫），有的变得身怀剧毒、黏液护身（如海蛞蝓），有的躲进坚硬的贝壳（如软舌螺），还有的干脆把自己变得不值得吃（如凶猛爪网虫）。

但是，魔高一尺，道高一丈，掠食动物也在不断升级自己的攻击力。比如，奇虾练就了出色的视力和咬穿铠甲的颚；海蝎甚至能嚼碎坚硬的贝壳，连难以下嘴的凶猛爪网虫都是它们的美食。近乎疯狂的动物军备竞赛，对各种生命施加着永不间断的演化压力。在竞争中胜出的动物存活了下来，在竞争中失败的动物则走向灭绝。

就这样，这块连接着埃迪卡拉纪和寒武纪的"多米诺骨牌"终于被找到了，它开启了一场长达一亿年的幸存者游戏。不过，在寒武纪的地层中，还有更重要的一块骨牌没有被找到，它连接着寒武纪生命和人类。前面提到的这些寒武纪动物都不可能是人类的直系祖先，原因很简单，它们都没有脊椎。

中国教授发现最早的脊椎动物

鱼是拥有脊椎的最古老的动物，它是所有脊椎动物的共同祖先。

所有的古生物学家都对一个问题充满了好奇：第一条有脊椎的鱼到底是什么时候出现的？如果能找到这条鱼，就找到了所有脊椎动物的祖先，这必将成为古生物学史上最为重要的发现之一。

1997年，云南省地质科学研究所的古生物学家罗惠麟教授和他的学生胡世学在云南省澄江县（现澄江市）海口镇的耳材村收集到了一些寒武纪的化石，但他们当时并没意识到其中竟然藏着一块后来轰动世界的最古老的脊椎动物——海口鱼的化石。

1998年12月，西北大学地质系的舒德干教授在罗惠麟教授的办公室见到了海口鱼的化石，但化石标本有残缺，他当时只是怀疑，并不能马上确定。从罗教授办公室回去后，舒德干教授翻找从同一地点收集的化石标本，终于找到了保存完整的海口鱼化石以及昆明鱼化石，从而确定它们就是最古老的脊椎动物，它们和后来发现的钟健鱼一起并称为"天下第一鱼"。

舒德干教授领衔的"第一鱼"发现工作被《自然》《科学》等杂志陆续报道，引起了全世界的巨大轰动。因为找到脊椎动物的祖先，相当于在一定程度上回答了"我们从哪里来"的哲学之问。这项成就也入选1999年中国十大科技进展。有了这些化石，科学家们就可以尝试着回答另外一个绕不开的问题：脊椎是如何演化出来的？

海口鱼化石

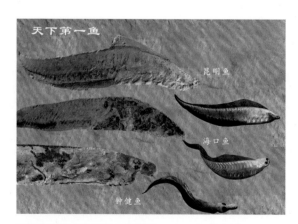

最早的脊椎动物化石与复原图

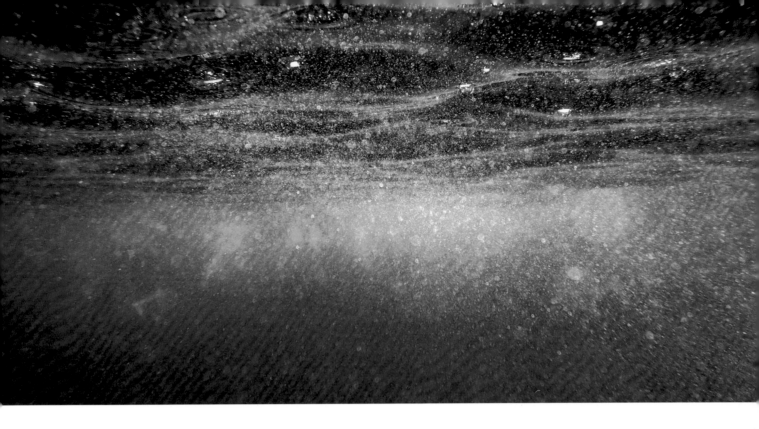

要回答这个问题，要从一个错得离谱的基因变异开始说起。对于当时所有的动物来说，在它们还是囊胚的时候，会自然而然地用原本的口来进食，而新发育出来的口则用来排泄。但是，一个意外的错误，却让一类新的动物出现了。它们会把原本的口当成肛门来排泄，而原本的肛门成了用来进食的口。因此，古生物学家就称它们为"后口动物"。这个看起来荒唐的错误，却意外地成就了一次生命大跃迁。

舒德干教授的工作获得了全世界的瞩目

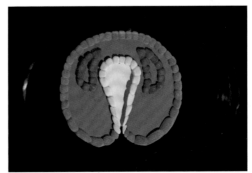

早期鱼类结构示意

35

头尾倒置的囊胚，在头这一侧，留下了更多的发育空间。脊索和脊椎就是这个空间的特殊产物。后口动物利用这个空间，演化出了鳃孔这种前所未有的特殊结构。鳃孔可以让大量海水快速地流过鳃丝，让动物获取丰富的氧气，而食物则可以长时间停留在它们的消化道中，营养得以充分吸收。腮孔让后口动物获取氧气和能量的能力大大增强，于是，神经系统和发达的肌肉才有可能演化出来。

云南澄江帽天山是发现后口动物化石证据的地方。全世界著名的云南澄江生物群，总面积超过 1 万平方千米。可以说，整个昆明和玉溪地区，都被囊括在澄江生物群的范围之内。这里就像是一个虫洞，让我们得以窥见这颗蓝色星球五六亿年前的震撼景象。在过去的 30 多年中，几十万块珍贵的化石从这里出土，它们为寒武纪的生命树增添了近 300 个新物种。特别是 1995 年以后，大量后口动物化石的发现，让澄江生物群成为脊椎动物演化和人类起源研究的化石宝库。

早期鱼类结构示意

氧气是寒武纪生命大爆发的关键

从埃迪卡拉动物群到小壳动物群，再到澄江生物群，一系列的化石穿成了后生动物演化的证据链条，为我们展现了一亿年间波澜壮阔的生命大爆发的画面。

从化石证据来看，在五六亿年前的原始海洋中，地球上的物种确实经历了不止一次的爆发式增长。

- 约 5.6 亿年前的埃迪卡拉纪晚期发生了基础动物亚界第一次爆发，产生了水母、珊瑚和栉水母等低等动物。
- 约 5.4 亿年前启动了第二次爆发，产生了原口动物亚界的许多门类，包括各种蜕皮动物、软体动物、腕足动物等。
- 约 5.2 亿年前，发生了第三次爆发，不仅衍生出大量真节肢动物，还诞生了包括脊椎动物在内的后口动物亚界中的全部 6 个门类。

每一次生命大爆发，都是由于动物胚胎阶段的微小变化所引发的，而这些微小的变化是如何发生的呢？基因的突变是随机的，没有人能知道。但当一个能够摆脱环境束缚的重要改变出现之后，所有后代都会继承和完善它。不过，动物们在寒武纪就已经完成了器官的所有的发明创造，现代动物只是在古老的身体上进行修修补补而已。

弱肉强食，是自然界的基本规则。捕食与逃亡，在寒武纪之前的远古海洋里，已经进行了超过 30 亿年。为什么生命大爆发偏偏发生在寒武纪呢？

6.4 亿年前的地球，正在从冰雪中逐渐挣脱出来。在埃迪卡拉纪之前的 30 亿年里，缺氧一直是海洋的常态，这压制了多细胞动物的演化。到了寒武纪，冰雪开始慢慢融化，形成了大面积的浅海区域。在阳光的照耀下，这里成了藻类的乐园，每一株海藻都是一台制氧机。光合作用让海水的含氧量快速上升。这正是埃迪卡拉动物群爆发的原因。

然而，受到很多复杂因素的影响，海水含氧量持续下降，但这同样为生命演化提供了动力。面对缺氧的环境，动物们并不会坐以待毙，而是通过千奇百怪的方法，尽可能多地获得海水中的氧气：海蛞蝓尽量增加皮肤与海水的接触面积，各种贝类会不停地让海水从身体里流进流出，枝额虫、水蚤或丰年虫则演化出了专门用于呼吸的鳃足。

海水中的氧气含量水平，不仅支配着寒武纪的动物演化，也主宰着现代海洋生命的兴衰。科学家们已经发现，由于人类活动的日趋频繁，海水的含氧量已经呈现出下降的趋势。在一些沿海城市或者河流的入海口附近，海水的含氧量下降得非常迅速。而且，受影响的海域面积还在逐年增加。与全球变暖一样，大洋缺氧正对人类生活产生着潜在威胁。这也是人类凝望那些散落在岩石中的古老生命时得到的启示。

看！为了获得更多的氧气，动物们有多努力

残缺的进化树有待完善

现在，我们找到了埃迪卡拉纪动物与寒武纪动物之间的联系，也找到了大部分门类动物的始祖，还找到了主宰海洋生命的重要力量——含氧量。那么，是否所有的寒武纪谜题都已经解开了呢？很遗憾，还没有。

科学界用进化树米表示物种之间的联系，其中粗线表示已经找到化石证据的演化脉络，而细线表示的则是基于分子生物学的推测。很显然，对于寒武纪生命大爆发的研究，还远远没有到达终点。我们需要更多的化石证据来填补进化树上的空白。

化石是进行古生物研究的基础。但遗憾的是，在全球陆续发现的 50 多个寒武纪化石库中，只有 1909 年在加拿大发现的布尔吉斯生物群和 1984 年在我国发现的澄江生物群具有较高的化石保存质量。2019 年在我国湖北似乎又发现了一个寒武纪化石库，不过目前情况还不明朗，需等待古生物学家们的进一步研究。

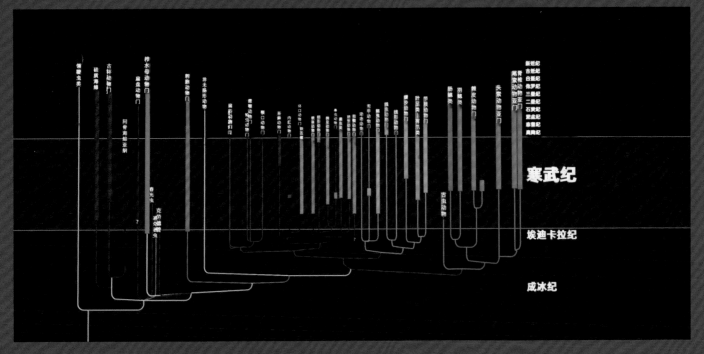

进化树中还有大量空白需要我们找到证据去填补

证据是一切答案的前提

1886 年春天，一支考古队在法国阿尔西附近的一个石灰岩洞穴中意外发现了一个来自 15000 年前的古老护身符。令人惊讶的是，这个护身符是用一整块三叶虫化石精心打磨而成的。也就是说，我们与寒武纪生命的羁绊，竟然贯穿了整个人类文明史。

为了解开寒武纪物种爆发之谜，科学家们年复一年地坚持野外考察，寒来暑往，风餐露宿。在地质锤的叮叮咚咚中，壮实的青年变成白发的教授，但挖掘出一块新化石，寒武纪的神秘面纱就会被揭开一层。在五六亿年前的古老地球上，生命到底经历了什么对我们普通人而言可能只是饭后谈资，但是寻求答案的态度和方法能让我们每个人受益终身。

早期人类将三叶虫化石作为饰品

41

03 物种灭绝
Species Extinction

17 87 年夏季的某一天，干旱使得美国新泽西州的伍德伯里河裸露出了河床，人们在河床上发现了一块很奇怪的石头。与常见的被河水冲刷过的鹅卵石完全不同，这是一节长长的，就好像被放大了十几倍的骨头。这是人类有记录的第一块被发现的恐龙化石。遗憾的是，这块恐龙腿骨化石被扔到一个仓库后便不知所踪。它之所以没有引起人们的重视，一个很重要的原因是：在 18 世纪以前，没有人认为地球上的生物会彻底消失不见，也就没有人对一块动物化石感到大惊小怪的。不过，这种情况很快就迎来了巨变。

通过巨兽化石打开史前世界之门

从 18 世纪开始，人们在美洲大陆上陆续发现了一系列巨兽的化石，有巨大的牙齿化石，还有粗壮的腿骨化石，这些化石后来被送到了当时的生物学中心——欧洲。**在法国巴黎的国家自然历史博物馆，有一位痴迷于动物骨骼化石的生物学家，名叫居维叶。**他研究了从世界各地送过来的各种奇奇怪怪的动物化石后，得出了一个惊人的结论，至少在当时来说绝对是惊世骇俗的。这个结论就是——物种会灭绝！居维叶认为，物种灭绝并不是一个偶然事件，它是在地球历史上经常发生的事件。从此，在古生物学界，就正式诞生了"物种灭绝"这个概念。

生物学家居维叶通过化石打开了史前世界的大门

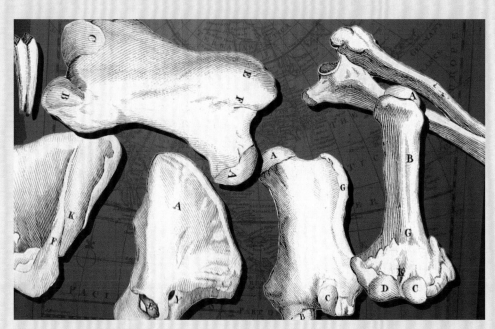

18 世纪，人类首次发现了史前巨兽化石

居维叶的这个观点刚被提出时，就如同大多数生物学家提出的新观点一样，立即就招来了很多的质疑。不过，随着证据的不断出现，科学界对这个观点的接受度也越来越高。1812年，居维叶几乎凭借一己之力，在杂乱无章的众多化石中，整理和发现了大约49种已经灭绝的脊椎动物。

把零散的骨骼化石还原成完整的躯体，才让人类了解了恐龙的存在

不久之后，无数恐龙化石的发现，使得科学界几乎没有人再怀疑，在远古的地球上生存着许多我们未曾见过的生物。随着被发现化石数量的不断增长，生物学家了解了这些灭绝生物所生活的年代和它们灭绝的年代，一个惊人的结论慢慢浮出了水面。所有的证据，都在指向一个很不可思议的现象：**这些已经灭绝的生物，似乎都是在一个相对于地质史来说非常短暂的时期内集中毁灭的，而这样可怕的时期还不止一个。**

由此，居维叶提出了"灾变论"学说。他认为，地球曾经遭受过很多次可怕的灾难性事件，不计其数的生物都成了这些灾难事件的受害者。

最终，居维叶非同寻常的主张，被大量非同寻常的证据所证实。

如果我们把地球生命的演化看成一棵演化之树，那么，在某些特定的历史时刻，会有一个手持巨刃的疯子突然出现，对演化之树无情地乱砍一气，使得大量的树权被砍断。证据表明，在地球的历史上，曾经经历过 5 次大规模的物种灭绝事件，以及若干次较小规模的灭绝事件。这些灭绝事件虽然距离我们极其遥远，然而当时的惨状被刻印在了化石上。

大灭绝背后的谜团与假说

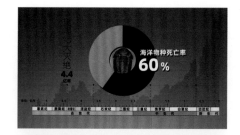

地球历史上，曾经经历了 5 次惨绝的物种大灭绝时刻。

第一次

距今约 4.4 亿年的奥陶纪到志留纪过渡期，发生了我们目前所知的第一次物种大灭绝事件。如果以地质年代作为尺度来衡量，可以说当时海洋中约 60% 的物种是在"一夜之间"从地球彻底消失的。

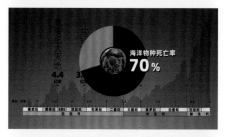

第二次

更加惨烈的第二次大灭绝事件发生在距今约 3.65 亿年的泥盆纪到石炭纪过渡期，这一次海洋中约 70% 的物种惨遭灭绝。

第三次

约 2.5 亿年前，地球迎来了至暗时刻，发生在二叠纪到三叠纪过渡期的第三次大灭绝事件差点儿让整个世界走向终结——至少有 96% 的海洋物种被"团灭"，而约 70% 的陆地物种也在化石记录中消失，至今不知所踪。

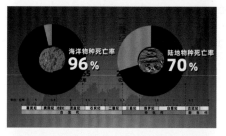

第四次

紧接着，在约 2.1 亿年前的三叠纪到侏罗纪的过渡期，发生了第四次大灭绝事件，约 76% 的海洋和陆地物种被毫不留情地从地球家园中抹去。

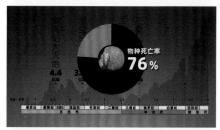

第五次

我们最熟悉的应该是第五次大灭绝事件，即白垩纪大灭绝事件，它发生在约 6600 万年前的白垩纪到古近纪过渡期，包括恐龙在内的约 80% 的物种因为某种大灾变的来临而彻底消失。

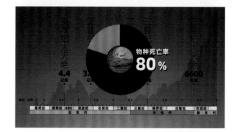

人类已知的 5 次物种大灭绝

49

你可能跟我一样好奇，为什么每隔数千万年到一亿多年，就会发生一次物种大灭绝事件，**原因到底是什么呢？** 在大灭绝事件发生的那段时期，地球到底遭受了怎样的恐怖经历？很遗憾，一直到今天，我们仍然没有完全搞清几次大灭绝事件的真相，这依然是尚未解开的谜题。

我们现在唯一能回答的，是距离现在最近的白垩纪大灭绝事件。约6600万年前，这次事件的元凶，一颗直径超过10千米的小行星，一头撞在了今天墨西哥的尤卡坦半岛上，从而引发了恐怖的自然灾难。

小行星撞击地球给以恐龙为代表的白垩纪生物带来了灭顶之灾

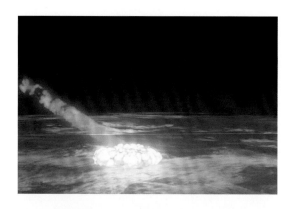

中国科学家的贡献 ◀

中国古生物学家戎嘉余院士为这些知识的获得做出了国际公认的重要贡献，尤其是第一次和第二次大灭绝事件。我国地质教科书中使用的有关生物大灭绝的经典图示，一直是戎院士所作的版本。

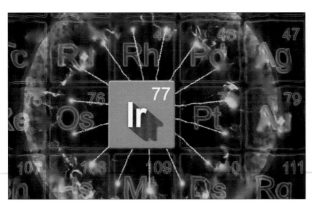
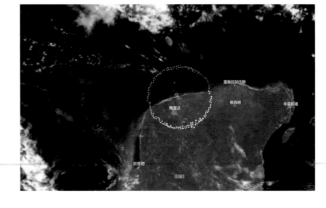

小行星撞击地球的假说目前具有很多证据，包括元素、陨击坑以及计算机模拟

对于这一事件，研究者们已经掌握了非常充分的证据。其中既有地层中金属铱含量显著升高的证据，也有相吻合的陨击坑证据，还有计算机模拟与天文观测的证据。但即便如此，研究者们也只能判断，小行星撞击地球对第五次灭绝事件起到了关键作用，而不能肯定这是唯一的原因。还有很多问题我们没有搞清楚，例如，在地球所遭受的数以千计的撞击中，为什么单单是 6600 万年前的这一次能造成这么惨烈的物种大灭绝呢？

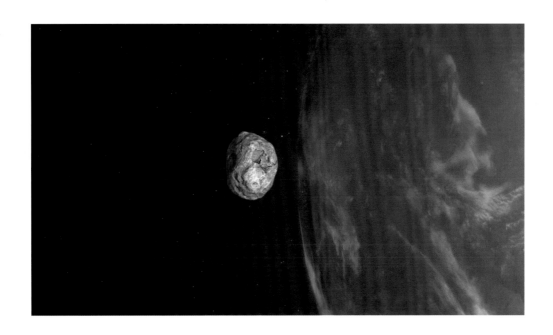

至于另外 4 次物种大灭绝的原因，我们知道的很少。为此，科学家们提出了非常多的假说，其中包括：全球变暖，全球变冷，海平面变化，海水氧含量骤减，海床甲烷气体大量泄出，小行星撞击，超新星爆发，超级飓风，巨型火山喷发，地表岩浆活动，灾难性的伽马射线暴，太阳耀斑爆发，等等。

通过为数不多的证据来看，前两次大规模物种灭绝事件，似乎都与全球变冷有关，但是更进一步的细节，包括灭绝发生的是快还是慢，就没有"标准答案"了。比如，第二次泥盆纪大灭绝事件的跨度到底是几千年，还是仅仅几百年，甚至几年？科学家们为此争论不休。其实，比"到底是什么原因灭光了当时地球上约 80% 的物种"更大的谜团是：剩下的约 20% 的物种是怎么幸存下来的？

恐龙没有逃过灾难，但蛇、鳄鱼等爬行动物幸存了下来

菊石

鹦鹉螺目

菊石灭绝了，鹦鹉螺目在灾变之后繁荣起来

空中的幸存者演化成了今天的鸟类

52

中国科学家 ◀

2011 年 12 月，我国著名的地质学家、古生物学家沈树忠院士在《科学》杂志上发表的论文中提出，第三次二叠纪 – 三叠纪大灭绝事件的持续时间不超过两万年，灭绝间隔小于 20 万年，并且在海陆两界同步；富含木炭和煤烟的地层表明陆地上有广泛的野火，产生热量的二氧化碳和（或）甲烷的大量释放可能导致了灾难性的灭绝。论文发表后，引发了国内外同行的高度关注。这项成果入选 2012 年度中国科学十大进展。沈院士是第一位荣获地层学国际最高金奖（ICSMedal）的亚洲科学家。

比如，在白垩纪大灭绝事件中，为什么恐龙遭遇了灭顶之灾，但其他一些爬行动物，比如蛇和鳄鱼，却能逃过一劫呢？我们现在知道，有一种恐龙幸存了下来，演化成了今天的鸟类，但它又是怎么绝地逢生的呢？

同样的事情也发生在海洋中：所有的菊石都消失了，但是与它们有着差不多生活方式的鹦鹉螺目软体动物却依旧繁荣。在浮游生物中有些种类几乎灭绝，比如有孔虫损失了约 92% 的数量，但是像硅藻这样的体形相似又与有孔虫一起生活的物种，却幸免于难。

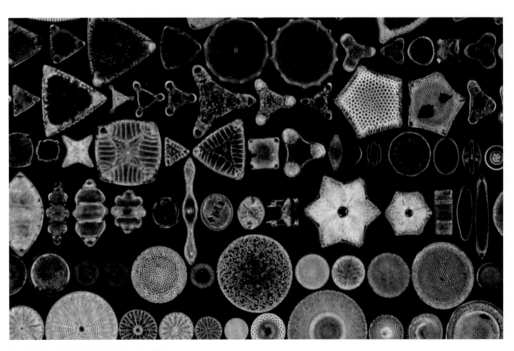

海洋中的微生物的命运也各不相同

53

这些难以解释、互相矛盾的现象非常之多。如果说在事件发生后的数日之内，森林中满是又黑又呛的烟雾，昆虫是怎么活下来的呢？如果说甲虫类的昆虫，还能依靠木头或者其他给养活下来，但像蜜蜂这些需要阳光和花粉的昆虫又是怎么活下来的呢？最令生物学家们难以理解的是，海洋中的珊瑚虫居然没有被灭绝。按照我们现在对珊瑚虫的认知，它们极为"娇气"，海水的温度、酸碱度一点点的变化都会导致珊瑚虫的大范围死亡。但事实却是，珊瑚虫居然在那次撞击事件中幸存了下来。

所有的这一切都在困扰着生物学家们，**我们对物种灭绝事件的细节了解得越多，谜团也越多。**

越来越多的生物学家开始参与到物种大灭绝的破案工作中，在研究那些遥远的灭绝事件的过程中，生物学家们又发现了一件令人无比震惊的事实：**就在此时此刻，人类正处于第六次物种大灭绝的"断崖时刻"。**

极为"娇气"的珊瑚虫竟然挺过了灾难时刻

捕猎与森林砍伐，人类主导第六次物种大灭绝

对于地球生命来说，正常的物种灭绝并不稀奇，是一种自然现象。生物学家把**每年每100万种物种中会灭绝多少种，称为背景灭绝速率**。不同类型的物种，背景灭绝速率差别很大。通过分析化石记录，生物学家们可以测定一类生物的背景灭绝速率。哺乳动物是目前人类研究得比较彻底的一类生物，背景灭绝速率大约是0.25，也就是每100万种哺乳动物，每年会有0.25种灭绝。

哺乳动物是目前人类研究得比较彻底的一类生物

白犀

比利牛斯山羊

桑给巴尔豹

西非黑犀牛

今天地球上生存着大约 5500 种哺乳动物，那么正常来说，每 700 年差不多就会有一种哺乳动物从地球上消失。但同时，地球上也会不断产生新的物种。在正常年份，物种产生的速率总是大于灭绝速率，所以地球上的物种数量依然在不断增长。

然而，到了大灭绝时期则截然相反。如果我们把背景灭绝速率想象成一种背景噪声，那么在正常年份，我们听到的就是一种轻微的沙沙声，**但在大灭绝时期，我们听到的就是一声惊雷！**

随着对物种大灭绝的深入研究，一件令人更为震惊的事情逐渐浮现出来。生物学家们惊讶地发现，**我们生活的这个时代，物种灭绝的速率远远高于正常的背景灭绝速率。**2014 年 8 月在《保护生物学》杂志上，多位生物学家联合发表了一篇重要的论文，根据他们的研究，在现代人出现前，物种总体灭绝速率是 0.1，这个可以看成物种背景灭绝速率。而现在这个数字是 100，是原来的 1000 倍！而且更加令人胆寒的是，这个数字还在以惊人的速度增大，他们估计，在不远的将来，这个数字很可能会从 100 增加到 1000，又增长了 9 倍！

斑驴

近代灭绝的哺乳动物

2015 年发表在另外一本权威期刊《科学进展》上的论文表示，现在地球上的哺乳动物的灭绝速率，是过去的 20 ～ 100 倍。如果按照现在的态势发展下去，只需要 250 年，地球就相当于又经历了一次堪比恐龙时代的大灭绝事件。**由此，生物学家们得出了一个恐怖的结论：第六次物种大灭绝正在发生！**这被称为"全新世大灭绝"或者"人类世大灭绝"，今天，这已经成为科学界的广泛共识。

面对如此令人不寒而栗的事实，我们不禁想问，这一切的原因到底是什么？

在给出答案之前，我们先来了解生态学中的一个基础知识。被大家公认的生态学定律少得可怜，在这些定律中，**有一条被广泛接受的定律被称为"物种－面积"定律**，它在生态学中的地位，就如同元素周期表在化学中的地位。它的内容是：单位生存面积（A）越大，能发现的物种数量（S）就越多。这一听上去就很像是公理，几乎是不证自明的。

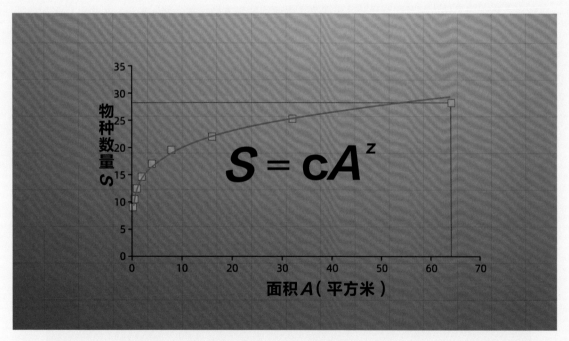

$$S = cA^z$$

由"物种－面积"定律可以推论：人类的活动范围越大，那么其他生物的生存范围就越小，物种的数量也就越少

在工业革命之前，人类消灭物种主要靠的是捕杀，走到哪里灭到哪里。3 万年前的智人，通过俾斯麦群岛以及所罗门群岛横渡太平洋，生活在这些群岛上的生物就遭殃了。

大约 2000 多年前，人类来到了马达加斯加群岛，几乎灭光了岛内的所有大型动物，例如象鸟、狐猴、马达加斯加河马等。

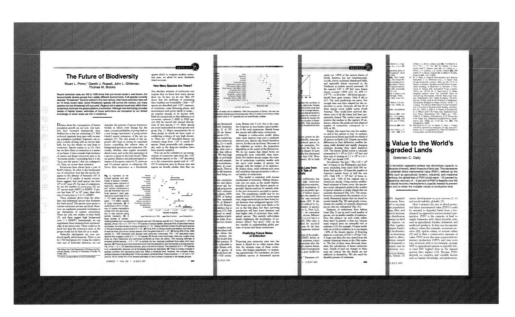

根据《科学》杂志 1995 年刊登的一篇文章，估计有 2000 种鸟类因为智人的到来而灭绝

1500 多年前，人类来到了位于印度洋上的群岛，这些岛上的几种巨型龟，以及 10 多种鸟类被"团灭"，在地球上彻底消失。岛上的物种之所以如此脆弱，是因为它们生活在一个相对封闭的环境中，而且种群的数量也不是很多。根据记载，当人类第一次登上毛里求斯岛的时候，一种长得胖胖的像肉鸡一样的渡渡鸟，亲热地围绕着人们打转转，但是人们还是毫不客气地把它们变成了"烧鸡"。没过多久，渡渡鸟就被人类吃绝了。

陆地上的情况也没有好到哪里去，欧洲的比利牛斯山羊、泰斑野马、塔斯马尼亚袋狼，非洲的阿特拉斯棕熊、爪哇虎、福克兰狼，这些动物都被人们赶尽杀绝了。2018 年 3 月 19 日，世界上最后一头雄性白犀也悄然离世，永远地消失在了宇宙中。

相比捕猎，人类对森林的砍伐会对物种造成更大的伤害。根据"物种 – 面积"定律可以得出，每年损失 1% 的森林面积，就会导致大约 0.25% 的物种消失。我们非常保守地估计，热带雨林中有 200 万个物种，那么按照热带雨林的消失速度推算，差不多每年要损失 5000 个物种，一天就是 14 个。

即便这样，与工业革命之后的人类活动相比，捕猎和森林砍伐对物种灭绝的影响，也是小巫见大巫。

象鸟　狐猴　马达加斯加河马

马达加斯加群岛上被人类灭绝的物种

巨型龟　渡渡鸟

位于印度洋的群岛上的巨型龟与渡渡鸟随着人类的到来而灭绝

59

人类能在第六次物种大灭绝中幸存吗

2004 年《自然》杂志的封面文章是《气候变化引发的灭绝风险》。英国约克大学生物学家克里斯·托马斯领导的团队发现，在最低水平的全球变暖假设下，地球全部物种中，有 9%~13% 会在 2050 年前被划定为灭绝；在最高水平的全球变暖假设下，这个数字将是 21%~32%。

全球变暖的最直接后果，就是造成珊瑚虫的大范围死亡。因为珊瑚虫对海水温度特别敏感，哪怕上升一点点，都会导致珊瑚虫的死亡。而全世界大约有 25% 的鱼类生活在仅占海底表面积 0.1% 的珊瑚礁海域。

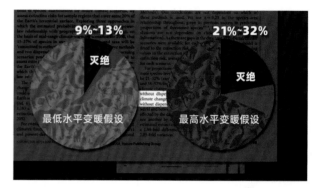

通过饼图可以看出，全球变暖对物种的生存影响巨大

也有一种观点认为，人类没有必要为此操心，像这样的灭绝事件，地球不是都已经经历过 5 次了吗？地球似乎也没有受到太大的影响，世界依然生机勃勃。

这种观点成立的前提是：我们不在乎人类作为一个物种在第六次物种大灭绝中也被灭绝。因为似乎对于地球本身而言，如果没有人类，环境只会变得更好，不会变得更差，用不了 1000 万年，地球上的物种数量又会恢复回来。地球的确依旧会是生机勃勃的世界。

人类能否成为第六次大灭绝的幸存者，取决于 3 点：第一，我们是否承认这个可怕的但正在发生的事实；第二，有多少人对这件事情操心；第三，是否有足够多的人呼吁采取行动。

在过去的很长一段时间，对于全球变暖的原因，尤其是人类活动是否是主因，人们争论不休。在全球气候变化这个领域，联合国政府间气候变化专门委员会（以下简称 IPCC）是对这个问题最有发言权的科学共同体。

IPCC 在 2007 年的报告中，把"全球变暖的首要原因归结于人类燃烧化石燃料"的置信度标记为"非常可能"；到了 2013 年，则改为了"极有可能"：（95% 的可能性）；而在 2019 年 9 月的最新报告中，IPCC 则用了"具有压倒性的证据表明"这样的表述。

这份报告由来自全球的 104 位科学家共同撰写，引用了 6981 份文件，这是迄今为止人类对于全球变暖问题的论述最具权威的一份报告。这份报告向全人类发出了紧急呼吁，我们必须减少温室气体的排放，否则对于人类自身来说，后果将是灾难性的。

值得庆幸的是，我们这一代人已经意识到了问题的严重性，越来越多的人开始关注碳排放问题：大到国家层面的产业结构调整、新能源战略，小到个人为节能减排而做出的点滴改变。无数人微小的努力最终可以汇聚成巨大的力量。

几百年后，当人类终于可以长呼一口气，庆祝自己侥幸躲过了第六次物种大灭绝的劫难时，我相信，孩子们会感谢你我的。

前面也提到过，珊瑚虫非常"娇气"，同时它们也对海洋生态至关重要

04

地磁倒转
Geomagnetic Reversal

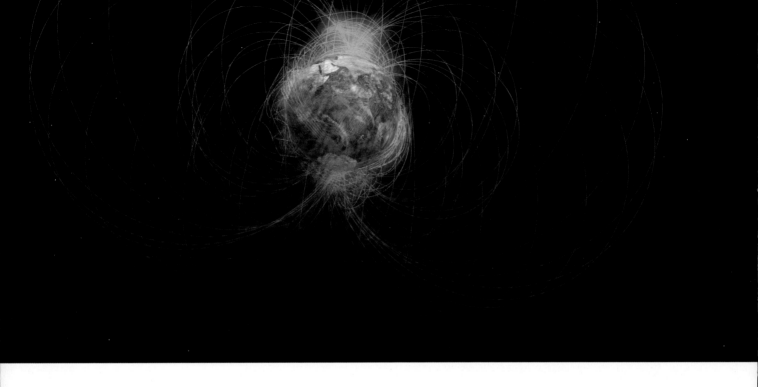

2018 年 7 月，一支中国科学家团队在《美国国家科学院院刊》上发表了一项惊人的研究成果：**在大约 10 万年前，只用了约 144 年地球就完成了一次磁极漂移，即地磁场方向发生南北转换。**该研究成果在学界引起了强烈的反响，同时也引起了公众的担忧。那么，地磁场是什么？地磁场方向转换意味着什么？为何会引起学界的轰动和公众的担忧呢？这些问题，说来话长。

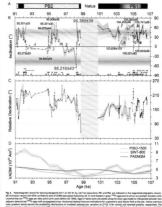

地磁极性倒转

天然永磁体的发现

我国湖北黄石市的大冶铁矿，是有着 1700 多年开采历史的磁铁矿。在这里，指南针会受到周围山体的干扰，指示的方向常常不准确。

古人很早就发现，天然磁石有一些非常有意思的性质：悬挂着的天然磁石稳定下来后，总是会指向南北方向。古人并不知道其中的原理，但现代科学可以回答：这是因为地球存在地磁场。

指南针之所以会在大冶铁矿失灵，就是因为这一地区产生的磁场强度比地磁场的更大，并且磁铁矿的磁场方向又是不定的。

在湖北黄石市的大冶铁矿中，指南针无法正确地指示南北

磁铁矿产生的磁场强度在局部大于地磁场强度，因此会让指南针失灵

天然磁石的磁场是怎么产生的

产生磁场的主要成分是天然磁石中的四氧化三铁，每一个四氧化三铁分子都像是一根微小的强磁铁。这些分子在自然条件下形成有序排列的晶体时，宏观上就会呈现出一种磁性。

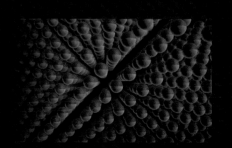

天然磁石组成示意

67

假如把我们的地球想象成一整块石头，整个地壳中的四氧化三铁分子在宏观上呈现出南北朝向的统计规律，是不是就能形成地磁场了呢？换句话说，我们是不是可以认为整个地球就是一块巨大的天然磁石呢？在过去很长一段时间，人们确实是这样认为的，直到1895年著名的物理学家皮埃尔·居里的一个重要发现，才使得这个说法被迅速瓦解。

更让人惊奇的是，当磁体温度升高时，它的磁性会发生变化。让我们先来看一个非常有趣的小实验。图中这个装置叫"热磁摆"，当我们用酒精灯给金属镍制成的摆锤加热时，摆锤就会来回摆动起来。

从微观视角来看，这块金属中的每一个原子都像是一根微小的磁铁。在正常情况下，它们是乱序排列的，劲儿

在加热后，金属镍制成的摆锤会自己摇摆起来

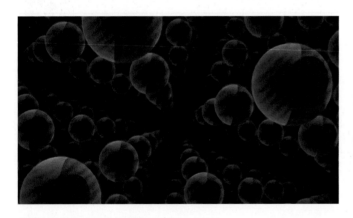

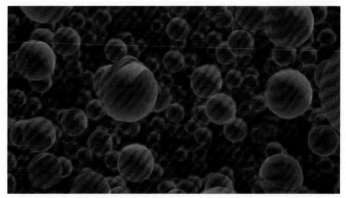

加热会让原本有序的金属原子回到无序状态

不往一处使，磁力就会互相抵消。当它们靠近一块磁铁时，在磁场的作用下，它们会形成有序排列，劲儿往一处使，从而获得磁性，被磁铁牢牢吸住。当温度升高时，原子的振动使能量升高，运动加剧，当达到某个临界温度时，这些小磁铁的有序结构会被突然破坏，它们重新回到乱序状态，磁力随即消失。这个临界温度被称为**"居里点"**。当金属块的温度低于居里点后，有序结构又会再度形成，磁力增强。同样的道理，当我们将一块磁铁加热到居里点时，磁铁的磁性就会消失。所以，磁铁，更准确的说法是永磁体，是不耐高温的。

那么，地磁场的形成是否和天然磁石的情况类似呢？

地磁场的形成

地球本身不可能是一个巨大的永磁体，因为地球内部的温度很高，会让自己丧失磁性。

我们生活的地球大体上可以分为 3 层结构：最外层是地壳，大约 30 千米厚，只占整个地球半径的 5/1000；中间一层是地幔，厚度约 2900 千米；地球的中心是地核。在地壳中，平均每加深 1 千米，温度就会增加 30 摄氏度，到了地幔，温度就会上升到 1000 摄氏度以上，而地核的平均温度估计超过 4000 摄氏度，地心的温度甚至比太阳表面的还高。所以，从整体上来看，地球内部就像是一颗烧红的大铁球，平均温度超过任何金属的居里点，从而使其失去磁性。结合永磁体不耐高温的特性，科学家意识到地球不可能是一个巨大的永磁体。

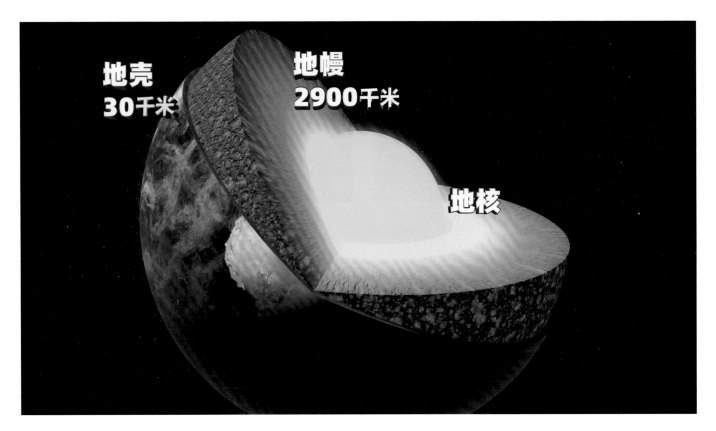

地球结构示意

早在 1820 年，丹麦物理学家汉斯·奥斯特就发现：电能生磁。也就是说，运动的电流能产生磁场，人们继而发明了电磁铁。

根据电磁铁的原理，人们后来又发现了地磁场产生的原理。

地球的地核部分有两层，内核是固态物质，外核则由液态金属铁和镍组成。越接近核心，温度越高，在重力作用下，温度低的液体下沉，温度高的液体上升，形成对流。

滚滚的液态金属流携带着电荷运动，从而产生运动的电流，运动的电流又产生了磁场，对流的方向决定了磁场的极性。这个理论被称为"地球发电机"模型。

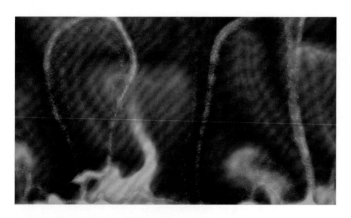

地球内部由于温度不均而导致金属液体的对流

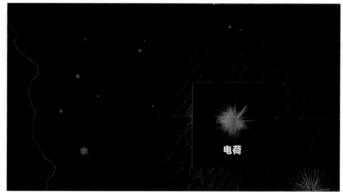

地球深处是炙热的液态金属，不断运动的电流使地球产生了磁场

尽管地球并不是一块巨大的天然磁石，但地磁场却类似一根巨大磁针的磁场。你也可以理解为有一根略微倾斜地插在地球内部的磁铁。需要注意的是，地磁场的南北极与地理的南北极并不完全重合。那么它们之间的偏差有多大呢？其实，答案藏在了岩石中。

测定磁倾角

如果用高温把火山岩还原成岩浆，并让岩浆围着磁铁排布，它们在冷却过程中，内部的微小磁性颗粒会受到磁铁的磁场影响，形成大致有序的排列。因为每一小块岩浆与这块磁铁的相对位置不同，所以，它们冷却后的磁倾角也是不同的。

那我们应该怎样理解这种现象呢？

测定磁倾角需要零磁实验室（又称无磁实验室），在这里，科学家们通过一些方法可以将地磁场抵消，使得磁力计在零磁实验室读出的地磁场强度为 0。这样一来，仪器就可以在不受干扰的情况下测定岩石样品中被封存的那些小磁针的方向。

在实验室中，将火山岩熔化后，再将其排布在磁铁四周

在中国科学院地质与地球物理研究所的零磁实验室，可以测定磁极偏转

地球上的每一块岩浆岩都记录着它们形成时的地磁场方向。当然，要还原当时的地磁场方向，我们还要考虑岩石形成以后的运动，这些复杂的处理工作有赖于古地磁学家的精确计算。所以，在世界各地测定不同年代岩浆岩中的剩磁，就可以让我们了解不同时代地磁场的方向。

比如，康熙五十九年，也就是公元 1720 年，黑龙江五大连池地区发生了大规模的火山喷发。岩浆像泛滥的洪水一样在这片土地上奔涌，所经之处，一片火海。这些岩浆被地磁场磁化，等岩浆慢慢冷却下来后，地磁场的方向就被这些火山岩永久地保存了下来。

黑龙江五大连池火山群的火山岩记录了 300 多年前地磁场的方向

这里的古地磁化石，记录了 300 多年前的地磁场方向。测量表明，被封存的地磁极与今天的地磁极方向基本一致。不过，这个结论如果说给 1906 年前的地质学家们听，他们肯定会认为这是一句废话。因为，他们从未想过地磁极能有什么变化。直到法国地球物理学家白吕纳在 1906 年的意外发现，才让科学家们意识到，或许地磁场方向并不是固定不变的。

地磁倒转不是地球上的新鲜事

1906 年，白吕纳在法国中南部火山区意外发现岩石中记录的磁极和当时的地磁极是相反的。他据此推测，地磁极有可能发生过倒转。不过，这个想法太过惊人，并未立即得到认可。1929 年，日本科学家松山基范在研究了亚洲 36 个地点的火山岩后，也得出了相同的结论。瑞士冰川学家黙坎顿也对此产生了浓厚的兴趣，他在 1910 到 1932 年间跑遍了全球的许多处火山，并得出了同样的结论：地磁极性的倒转是一个全球性的现象。这些科学家的发现，成为 20 世纪地球科学最惊人的发现之一。

100 多年前世界各国科学家都发现了地磁极性倒转现象

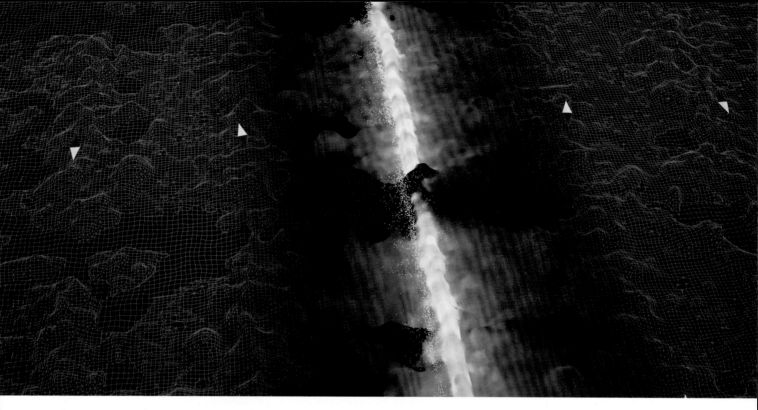

海洋板块间的岩浆冷却后形成的玄武岩记录了地磁场的变化

除了在陆地上的发现，大洋底下也清晰地留有地磁极性倒转的印记。

海洋板块的分离处，是地壳岩石的出生地。岩浆从这里涌出，并不断推挤两侧，冷却后形成了新的地壳。这些洋底玄武岩记录了一种奇特的地质现象：以洋中脊为轴，对称分布着磁异常条带。它们就像大洋底下的条纹地毯，生动记录着地磁场的每一次变化。

是什么引起了令人如此震撼的地磁极性倒转呢？让我们听听中国科学家怎么说。

我们可以把地核想象成一个球。地球发电机模型由一个磁流体动力学方程组描述，这个方程组极其复杂，包含运动方程、温度方程、磁感应方程等一堆方程。在这些方程中，流体的运动速度、温度、磁场等变量互相耦合，地球自转偏向力、压力、浮力、洛伦兹力和黏滞力相互作用。总之一句话，这是一个极其复杂的混沌系统，就好像天体物理学中著名的三体问题一样。许多地球物理学家认为，地磁极性倒转是流体动力学的超级复杂性和不稳定性导致的自发行为，与太阳磁场的极性每 11 年自发倒转一次类似。世界各地的科学家们利用计算机建立数值模型，模拟地球发电机，也多次成功模拟了地磁极性自发倒转的现象。但也有科学家认为，地磁极性倒转也许是下地幔的热量不均匀或者其他外界因素触发的。总之，地磁极性倒转的真正原因目前还并未有一个学界公认的定论，我们正在致力于此项研究。

研究地磁极性倒转的李力刚博士

李力刚博士，中国科学院上海天文台研究员，从事岩石圈动力学、地球和行星流体动力学以及流体动力学并行计算等的研究，首次发现了旋转球壳和圆柱体内热对流的多种新形态和非线性相互作用的新机制，曾获得 2008 年国际大地测量学和地球物理学联合会 Doornbos 纪念奖。

李力刚博士在工作中

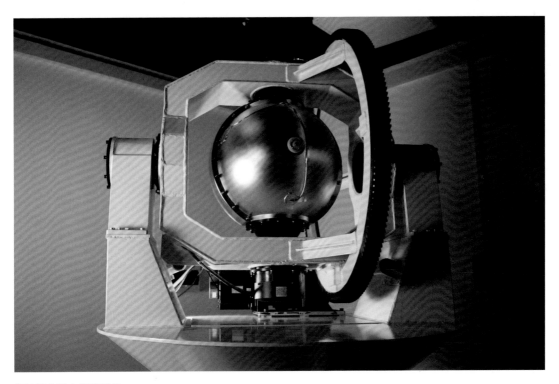

旋转流体动力学实验台

新一轮地磁极性倒转或将到来

在地球物理学家和地质学家们的共同努力下，我们已经大致描绘出了在过去的 1.7 亿年间，平均每隔 10 万到 100 万年，地磁场就会发生一次宏观上的极性倒转。在这期间，还包含许多短暂的倒转事件，这被称为磁极漂移事件。

不过，受测年技术所限，以前的科学家无法精确地知道历史上这些地磁极性倒转过程持续了多长时间，这个问题也成为地质学中的世纪悬案。

2013 年 11 月，欧洲航天局新一代地磁卫星 Swarm 发射升空，开始对地磁场进行精确测量。经过半年的测量和数据分析，科学家们得出了一项令人震惊的结果：地磁强度正在加速减弱，变化率是以前测算的 10 倍。从 1970 到 2020 年，地磁强度在 50 年中减弱了约 8%。地磁北极点自 1840 年有记录以来，一直在向地理北极点移动，过去 20 年的位移超过了之前 100 多年的总和。

尽管还没有确凿的证据，但所有的迹象似乎都在强烈暗示：新一轮的地磁极性倒转很可能正在发生中。我们这一代人很可能正处在 70 多万年来未有之大变局中。这里面最关键的谜团是：地磁强度减弱和磁极移动的速率会一直加速下去吗？地磁极性倒转的过程到底有多快呢？

2011 年，一支来自中国的科学家团队从贵州省西南部的三星洞中采集到了一根石笋，他们在分析了这根石笋中记录的地磁场方向后发现：这次发生在约 10 万年前的磁极漂移只用了 144 年左右就完成了，上下误差 58 年，这比过去科学界普遍认为的时间跨度大大收窄。换句话说，我们每个人都有可能亲身经历一次如此宏伟的地质事件。

在地磁极性倒转期间，全球的地磁场会变得非常紊乱，强度也会大大减弱。这段特殊的时期何时会到来？又会持续多久？这些问题对于今天的人类来说，依然还是自然之谜。不过，我更想知道的是，地磁极性倒转期会不会对生物和环境造成巨大的影响。

地球历史上曾出现过很多次或大或小的磁极倒转

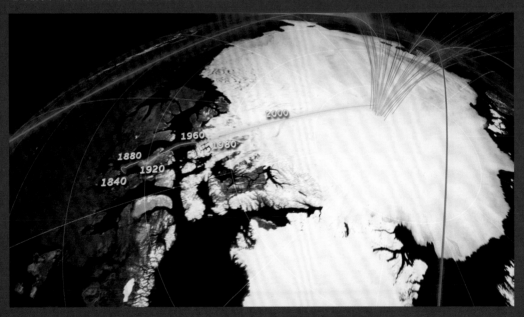

在近二百年间，地磁北极点默默而快速地向地理北极点靠近

地磁倒转期生存指南

汪诘：李老师，地磁倒转会对地球上的生物造成什么影响呢？

李力刚：科学界普遍认为，地磁倒转并不会立刻对地球上的环境和生物造成显著影响。但是从较长时间尺度来看，地磁强度在地磁倒转时期会减弱，从而允许更多的宇宙射线进入地球大气，导致云量增加，从而改变地球的气候，比如冰期的到来。而气候的改变将影响地球生物的生存，甚至造成部分生物灭绝。不过这方面的研究目前还存在争议，尚没有形成确定的结论。

汪诘：这么说来，我们短时期内就还无须为此担心，是吗？

李力刚：倒也不是，您想一想，今天和 78 万年前的地球相比，最显著的不同是什么？

汪诘：您的意思是不是 78 万年前没有文明和城市。

李力刚：对，虽然地磁极性倒转期不会对生物、气候和环境造成立竿见影的影响，但是，对于人类的低轨卫星、通信网络和电力传输网，却有可能产生直接的威胁，我们必须重视。

汪诘：这么说来，在地磁极性倒转期，我们必须时刻保持警惕。

李力刚：这是必须的，因为在地磁极性倒转期间，地磁场形成的护盾将变弱。从太阳监测卫星观测到太阳耀斑爆发，到日冕抛射物质到达地球，有十几到 48 小时的预警期。假如我们能为此做好周全的预案，将可最大限度地避免损失。

在地磁场紊乱、强度大大减弱的这段时期，会发生什么奇特的现象呢？

一个最直观的现象是，几乎所有的指南针都会失灵。尽管地磁强度不会减弱到 0，但是在地磁极性倒转期，指南针在世界不同的地方会指向不同的方向，还会变得极为不稳定。指南针（电子罗盘）就隐藏在我们的智能手机和汽车中，我们现在习以为常的导航功能，除了需要卫星的支持，也离不开电子罗盘。

地磁极性倒转期间受影响最大的莫过于导航设备，会造成其失灵

假如电子罗盘失灵了，我们在接收不到定位卫星信号和远离手机基站的地方，可能就找不到目的地了。到那个时候，通过太阳、月亮甚至星星的位置来辨识方向，又将成为一项非常有用的技能。

此外，随着地磁场的减弱和紊乱，范艾伦辐射带会逐渐消失，这会让地球表面遭到更多宇宙射线的轰击。人类得皮肤癌的概率会可能会增加。但我并不为此担忧，因为我充分相信人类的智慧。

地磁场虽然微弱，但它却像一个保护罩一样，保护着地球上绝大多数地区免于太阳风的直接侵袭

超级磁暴——卡林顿事件始末

太阳风就是太阳喷射出的等离子体带电粒子流，它们会被地磁场引导到地球的两极。等离子体带电粒子流在地球的两极上空进入大气层后，会与大气中的原子碰撞而发光，这种光芒就是极光。不过，极光可不是只能在两极上空形成，它有时会出现在人们绝难想象的地方。

1859 年 9 月 1 日早上，英国天文学家卡林顿在观测太阳时，极为巧合地看到了一次太阳异象。两团水珠状的白光出现在一大群太阳黑子中间，光芒亮如闪电。两团光芒愈来愈强烈，最后竟然变成了如同两个肾脏一般的形状。在此之前，这种现象从未有过科学解释。

极光并不是地理南北极地区独有的自然奇观，在全球的任何地方都有可能看到绚丽的极光

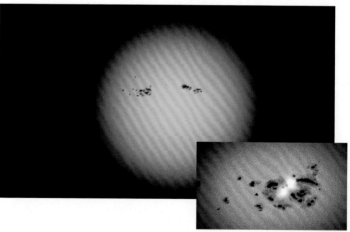

英国天文学家卡林顿观察到的这次奇异天象，也被命名为"卡林顿事件"

第二天晚上，人类历史上有记录以来规模最大的一次极光突然降临地球，极光一直延伸到南北回归线附近。

在欧洲，几乎所有城市的人都能看到前所未有的极光舞秀。极光打破了纬度最低的纪录，出现在北纬13度18分的拉乌尼翁。在牙买加的金斯敦，大多数人看到极光后认为地球即将毁灭，他们认为红色的天空表示古巴已被烈火吞噬。

极光也出现在大洋洲。在大洋洲南部的卡潘达，鲜亮的粉红色光芒照亮了南方的天空。同样的景色一直持续到晚上9点。月亮出来后，极光的强度再度增加，感觉就像黎明提早来临，暖色系的天空转成冷色系。

我国的古籍《栾城县志》中记载："清官咸丰九年……，秋八月癸卯夜，赤气起于西北，亘于东北，平明始灭。"表明此次极光至少延伸到了我国的河北省。

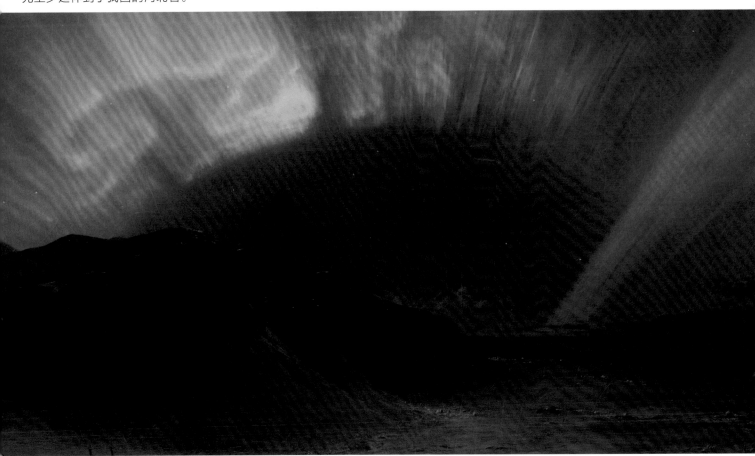

美丽的极光

全世界几乎同时观察到美丽的极光，这在人类历史上是前所未有的

82

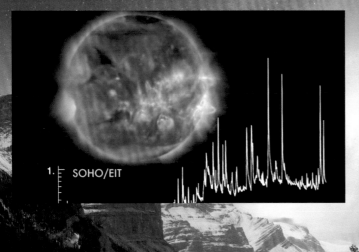

正是这次史无前例的天象，让科学家们首次认识了太阳耀斑爆发。太阳就像打了一个喷嚏，猛烈的太阳风，以 10 多倍于超强台风的速度，向地球汹涌奔袭。等离子体带电粒子流抵达地球时，便形成了太阳磁暴，磁暴会让电器产生感应电流，这让当时全世界的电报通信网络几乎彻底瘫痪，甚至美国和欧洲的很多电话局的电报设备爆出了巨大的火花。

在之后的 100 多年中，科技迅速发展，电气设备渗透进人类社会的每一个角落。幸运的是，高强度的太阳磁暴再没有发生过。然而这种平静到 2003 年秋天时被打破，在 10 月末到 11 月初，太阳磁暴反复侵袭地球。在这段时间，无线电通信变得非常不稳定，卫星电视信号时有时无，某些国家的移动电话无法接通，GPS 设备示数不准确。

后来，当科学家们观看太阳和日光层观测卫星（SOHO）发回来的影像时，所有人都倒抽了一口凉气。在影像中，我们可以清晰地看到巨大的太阳耀斑闪光，幸好它没有正对地球，否则对人类社会能造成多大的破坏，谁也无法定量描述，现代社会对电气设备的依赖程度早已远超卡林顿时代。

2003 年磁暴的强度仅有卡林顿事件的 1/5。

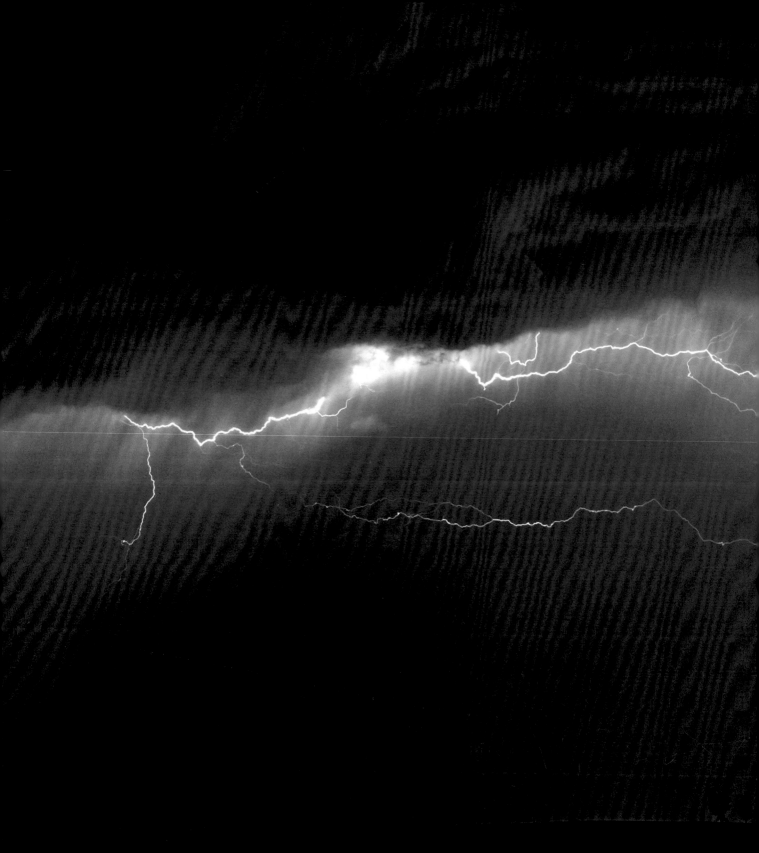

05 球状闪电
Ball Lightning

天微雨，

忽有流火如球，

其色绿，

后有小火点随之，

从雨中冉冉腾过予宅，

坠于厨房水缸之中，

其光如月，

厨中人惊视之，

遂不见。

88

这段短短近 50 个字的生动描写，交代了所见事物的形态、颜色、光强、运动方式。如果我不说它出自明朝万历年间内阁首辅张居正的《张文忠公全集》第十一卷《杂著》你可能以为它是《聊斋志异》中的一段。从科学家的视角看，张居正当时目击到的，很可能就是球状闪电。这可能是目前在地球表面最神秘的自然现象，没有之一，也是物理学中悬而未决的几个谜题之一。

球状闪电目击报告

关于球状闪电的目击报告，几乎与人类文明差不多古老。已知的最早文字记录，可以追溯到古希腊时期亚里士多德和波希多尼的书中。在近代，关于球状闪电的正式目击报告已经有近万份，其中有一些目击报告来自物理学家，比较著名的有以下两个。

瑞士联邦工学院物理学家多莫科什·塔尔的目击报告

> 时间：1954 年夏季某一天。

> 目击者：瑞士联邦工学院的物理学家多莫科什·塔尔。

> 描述：风雨中一个闪电击中了地面，距闪电击中点大约 5 米处的一小片灌木中突然出现了一个快速旋转的环，就像一个花环。几秒后，环的颜色变得越来越红，又由橙色变为黄色，最终呈现白色，所经之处有高压放电现象。又过了数秒，这个环演化成一个球形。最初这个球几乎静止在原地，但马上就以每秒 1 米的速度匀速向前移动。尽管狂风大作，暴雨倾盆，但它很稳定，移动的高度也没有变过。大约持续了 10 秒后，它突然无声地消失了。

论文发表：第 9 届国际球状闪电研究会论文集。

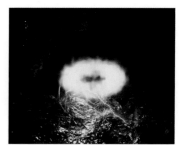

根据瑞士物理学家目击报告制作的球状闪电模拟效果

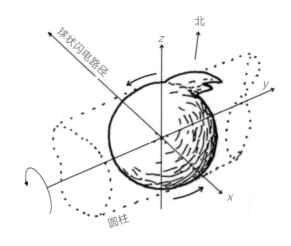

瑞士目击报告中的球状闪电示意

英国肯特大学射电天文学家罗杰·詹尼森的目击报告

> 时间：1963 年 3 月 19 日。

> 目击者：英国肯特大学射电天文学家罗杰·詹尼森

> 描述：詹尼森乘坐从纽约飞往华盛顿的 EA539 次深夜航班，这是一架麦克唐纳-道格拉斯公司的 DC-8 型全金属客机。飞机在飞行途中遭遇雷暴。在电闪雷鸣中，詹尼森看到了一个发光的球体从驾驶舱中冒了出来。这个光球有篮球那么大，最近的时候距离詹尼森仅有 50 厘米。

论文发表：1969 年 11 月《自然》杂志。

Proceedings of the 9th International Symposium on Ball lightning (ISBL-06), 16-19 August 2006, Eindhoven, The Netherlands, Eds. G.C. Dijkhuis, D.K.Callebaut and M.Lu ,pp.222-232.

Observation of Lightning Ball (Ball Lightning): A new phenomenological description of the phenomenon

Domokos **Tar**

M.dg. in physics of: Swiss Federal Institute of Technology, ETH-Zürich, Switzerland
CH-8712 Stäfa/Switzerland, Eichtlenstr.16,

Abstract

The author (physicist) has observed the very strange, beautiful and frightening Lightning Ball (LB). He has never forgotten this phenomenon. During his working life he could not devote himself to the problem of LB-formation. Only two years ago as he has been reading different unbelievable models of LB-formation, he decided to work on this problem.

By studying the literature and the crucial points of his observation the author succeeded in creating a completely new model of Lightning Ball (LB) and Ball Lightning (BL)-formation based on the symmetry breaking of the hydrodynamic vortex ring. This agrees fully with the observation and overcomes the shortcomings of current models for LB formation. This model provides answers to the questions: Why are LBs so rarely observed, why

91

与众不同的球状闪电

球状闪电的目击报告虽然很多，但是一直缺乏确凿的证据

球状闪电之所以吸引人，一方面是因为它的出没完全没有规律可循，人类怎么也抓不到它，目击证据虽有多如牛毛，但缺少足够的"实锤"证据；另一方面是因为球状闪电呈现出与普通闪电不同的"外观"和"性格"。根据过往大量的目击描述，球状闪电具有如下诸多特点，你是不是也突然想到，自己曾在某时某刻见过球状闪电呢？

- 跟普通闪电紧密相关，二者往往还会相继出现。
- 球体状态可维持超过 1 秒。
- 可在空气中悬浮并水平运动。
- 可在飞机机舱之类的密闭空间内形成。
- 甚至能穿过玻璃类障碍物。
- 会产生刺激性气味。
- 发出咝咝或嗡嗡声。
- 安静或爆烈消失。

86   **Ball Lightning**

Figure 5.3. Detail of damage to dress fabric in the ball lightning report from Smethwick (Stenhoff 1976). [Photograph: Brian Tate.]

MeV for 1000 min and found only peaks that were also present in the background. However, when he integrated all 400 channels of the spectrum, there was a net increase of about 2.2 counts per minute in the spectrum of the dress material. About

最近几年国内最出名的一次球状闪电目击报告，来自山西运城。2014 年 8 月 5 日早上 9 点左右，山西省新绛县水利局的闫先生目击了球状闪电的奇特现象，后来，他尽力为我们讲述了当时的所有细节。

"实际上当时进来火球就是一瞬间的事情……当时外面下着大雨，雨水飘进来了，我出来关窗户……我一看那个火球挺大的，我就看着它慢慢往上升的，还以为它是电线着火了……当时我抬头往那一看，有一个很大的火球，直径大概有半米多，看它着火了以后，瞬间就爆炸了，声音很大，当时还摧毁了几台电脑……"

那么在这个世界上，到底有没有真实的球状闪电的影像记录呢？

106   **Ball Lightning**

Figure 6.2. Damage in the attic of a house in Egham struck by ordinary lightning showing a furrow in the plaster and the electric fire that was torn from the wall. The electric clock had been located between the two. [Photograph: Dr. John Gordon.]

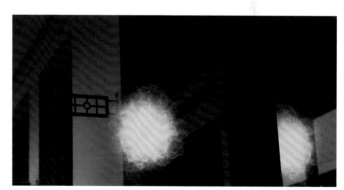

根据山西目击者的描述还原的球状闪电现场

93

世间独一份的球状闪电影像记录诞生

全世界不知道有多少科学家都梦想着能够实拍到球状闪电的真实影像，瑞士科学家卡尔·伯格就是其中之一。20 世纪 40 到 70 年代，卡尔·伯格专注于对雷电的研究，一直在瑞士卢加诺附近的圣萨尔瓦托雷山观测站观测和记录雷电现象。卡尔·伯格一生共观测了几十万次闪电现象，遗憾的是，他从未看到过球状闪电，所以他后来都开始怀疑，球状闪电到底是不是真实存在的。在晚年的时候，他甚至公开声称，所有的球状闪电目击事件都是子虚乌有，都是虚构的，没有什么真正的球状闪电。

摄影摄像技术诞生后，虽然也有无数人试图拍摄球状闪电的影像，然而没有人成功，这甚至让科学界一度质疑球状闪电的真实性。直到 2012 年 7 月 23 日晚，在青海省大通县塔尔镇下旧庄村，西北师范大学袁萍教授带领的中国科学家团队，为这个世纪之谜的真实性找到了判决性的证据。这也是迄今为止，世界上唯一的球状闪电的真实影像记录。

袁萍——"活捉"野生球状闪电的中国科学家

袁萍是西北师范大学物理与电子工程学院教授、博士生导师，研究方向是应用光谱分析和雷电物理。袁萍教授在我国开创了基于光谱观测的闪电放电过程的物理特性研究。她在国内外核心期刊发表学术论文 90 余篇，主持和参加了多项国家自然科学基金项目。袁萍教授利用影像技术捕捉球状闪电影像的工作成果在全球都备受关注，在 2014 年被美国物理学会评为物理学八大进展之一。

2012 年夏天，袁萍教授正在研究雷电防护设备方面的课题，为了获得闪电放电过程的物理特性，就必须对闪电进行拍摄。于是，袁萍教授选择在青海大通县下旧庄村拍摄闪电。从大范围放眼看去，下旧庄村一带好像并不是雷暴天气频繁的地区，然而在拍摄地点对面的山头上，特别容易形成局地雷暴。其实，那时候谁也没想到竟然能拍摄到球状闪电，确实很幸运。

2012 年的整个夏天，袁萍教授和团队都在下旧庄村的一个小学中捕捉闪电的影像。为了获得有价值的影像，他们设置了两台摄像机，其中一台是价格昂贵的高速摄像机，可以每秒拍摄 3000 张百万像素级别的图像。并且，它的镜头前被加装了分光装置，使其成为一台无狭缝光谱仪，专门用于拍摄目标的光谱图像。

另外一台是一款普通家用数码摄像机。普通数码摄像机的分辨率虽然低，但成像是彩色的。高速摄像机的分辨率极高，但成像是黑白的。

7 月 23 日 21:53 左右，谁也没有想到，两台摄像机幸运地同时拍摄到了传说中的球状闪电。

普通摄像机清晰地拍摄到了从云地闪电到生成球状闪电的全过程；另一边改造为光谱仪的高速摄像机，由于被设置为后触发模式（记录闪电通常设置为 1 秒），所以只拍到了球状闪电 1.64 秒发生过程的后半段，最终获得了 2000 多张球状闪电的黑白照片。

谁也想不到如此平静的山坡上竟然会产生球状闪电

镜头经过改装的高速摄像机

首次被人类捕捉到的球状闪电画面

95

在观测闪电的同时，团队还会记录雷声。由于闪电的光和雷声的传播速度不同，因此可以通过光声差估算出闪电落地与摄影机观测点的距离约为 960 米，同时也可以推算出这个球状闪电的发光直径大约为 10 米。可以想象，这是一个硕大无比的火球，在它现身的这段时间里还在移动，移动速度大约为每秒 8.6 米。此外，球状闪电还有一个关键的特性，那就是，它的光强会发生周期性的变化。

从袁萍教授团队得到的资料中可以看出，在球状闪电形成之前，有一个云地闪电，而且球状闪电正好就在云地闪电的底部，这证明球状闪电是由云地闪电引发的。那么，如此诡异的球状闪电是怎么形成的？能量来源是哪里？是什么支持它持续发光？光强的周期性变化又遵循什么规律呢？这些问题依然是物理学中悬而未决的谜题。

但无论还有多少待解之谜，正是中国科学家袁萍教授的这次记录，使得球状闪电的真实性得到了科学界的公认。那么，科学家有没有可能在实验室中再现球状闪电呢？

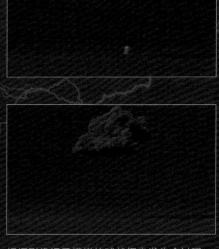

根据影像记录模拟的球状闪电发生全过程

关于球状闪电的几个假说

其实，早在 100 多年前，"电学怪才"尼古拉·特斯拉就宣称自己在实验室中模拟出了球状闪电。但是人们在分析了尼古拉·特斯拉的实验笔记之后指出，他当时在实验室中模拟出来的那个火球的能量太低，与我们今天已知的球状闪电的性状不相符，不可能是球状闪电。直到 2012 年，才由巴西科学家发表了第一个比较靠谱的球状闪电形成假说，被称为汽化硅假说。

汽化硅假说

沙子中最主要的成分是二氧化硅，如果闪电击中了沙子，就会把其中的硅元素汽化，形成硅蒸气，然后硅蒸气与空气中的氧气发生化学反应，从而形成球状的闪光。他们还在实验室中复现了这种球状的闪光。

袁萍教授团队拍摄到的球状闪电光谱中包含硅元素的光谱，而硅也是土壤的主要成分。这一发现，相当于证明了球状闪电是在地面上生成的，否则不会出现硅元素的谱线。这也为汽化硅假说提供了比较有力的证据。

等离子球假说

2013 年，美国空军学院的科学家团队做了一个实验，他们把两个电极浸没在一种特殊的电解质溶液中，然后让电极产生高功率的火花，结果生成了一些白色的等离子体，而这些白色的等离子体会形成一个球状体，并且是发光的，非常像球状闪电，这个成果还发表在了著名的《物理化学》科学期刊上。

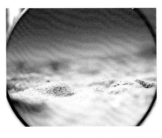
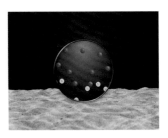

云地闪电发生瞬间会产生奇特的化学反应，从而形成球状闪电

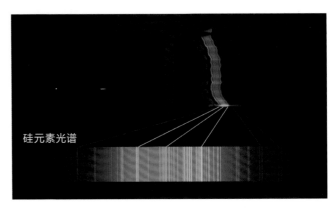

硅元素光谱

袁萍教授团队拍摄的球状闪电影像中包含硅元素光谱

武慧春教授与相对论微波腔理论

武慧春，浙江大学聚变理论与模拟中心和浙江大学物理系教授，博士生导师，研究方向是相对论光学和闪电物理。他发表过 50 多篇学术论文，主持过多项科研项目，还提出了球状闪电的微波空腔理论，并解决了其推论的实证问题。

2014 年底，武教授在《物理评论快报》上面看到了袁萍教授团队发表的名为《球状闪电》的文章，引发了对球状闪电的强烈兴趣。他敏锐地意识到，或许可以用自己掌握的专业知识来解释球状闪电的成因。于是，武教授开始投入球状闪电的理论研究中，2016 年 6 月，他的研究论文被著名科学期刊《科学报告》接收，在这篇论文中，武教授正式提出了相对论微波腔理论来解释球状闪电现象。

武教授发现，球状闪电的球体结构非常类似于在强激光领域观测到的一个有趣现象：一束强激光在等离子体中传播，有一小部分能量会被约束在等离子体中，自然演化成为球状的等离子体空腔，空腔内部的电磁波是一个半周期的电磁驻波。因为激光的波长极短，所以，这些激光等离子体空泡只有微米量级。所谓"驻波"，是与"行波"相对的概念，它是指两个波长、周期、频率和波速皆相同的正弦波相对行进，发生干涉，形成一个合成波。与行波不同，驻波的波形无法前进，因此无法传播能量。

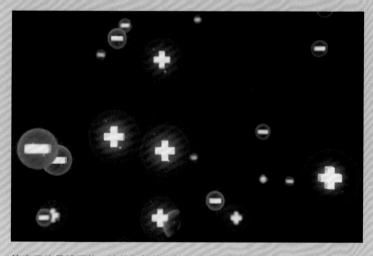

等离子体是除固体、液体和气体之外，不为人们所熟悉的一种电中性物质

什么是等离子体

物质除了固态、液态、气态这 3 种常见的形态外，还有一种形态，被称为等离子态。处于该形态的物质称为等离子体，它是由阳离子、阴离子以及中性粒子等多种不同性质的粒子所组成的电中性物质。实际上等离子体在我们的生活中很常见，比如，火焰中就有大量的等离子体，霓虹灯发亮的灯管中也充满了等离子体，绚丽的极光也是一种等离子体现象，恒星就是由等离子体物质组成的。宇宙中的等离子体物质，比我们熟悉的 3 态物质要多得多。

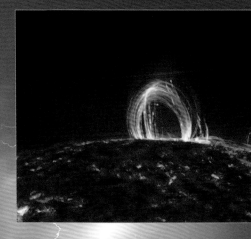

武教授敏锐地意识到，如果有一个波长为 30 厘米左右的微波，也能形成这样的空泡，那么，它的尺度就跟经常被目击的球状闪电的尺度相似了。因此，武教授猜想，球状闪电实际上就是一个微波空泡的视觉表现。而在袁萍教授拍摄的球状闪电的光谱中，同时包含空气和土壤的谱线。假如球状闪电是由电离的空气组成的，该等离子体贴在地面上，等离子体中的电子就能激发土壤元素使它们发光。

这个观点想要成立，需要两个关键证据：一是要从理论上证明闪电能发出微波辐射，二是要在实验室中模拟并且证明微波能自然演化为一个球状等离子体空腔。

武教授猜测：云地之间的电压超过百兆伏特，电子加速应该可以达到差不多百兆伏特的量级，这样就可以轻易产生微波！为了证实自己的猜想，武教授开始查阅大量的文献资料。

一篇发表于 2014 年的闪电物理综述给了武教授新的启示。这篇论文指出，云地闪电可以产生 X 射线，为了解释这些 X 射线需要数量极为庞大的 7 兆电子伏特能量的相对论电子。这些高能电子产生的原因是，在闪电的头部会形成一个超强的电场，这个电场在克服了空气阻力后，能将电子从几电子伏特提升到几兆电子伏特的相对论能量。这意味着，X 射线的发现打破了上百年来人们对于闪电只是一个纯粹低温等离子体的传统认识。

相对论电子正是武教授擅长的研究领域。有了这篇综述作为理论前提，武教授很快就找到了一个自洽的理论解释：电子脉冲在纵向上被压缩，形成类似于一个半周期的电磁波。界面反射会形成渡越辐射（带电粒子穿过不均匀的介质时发出的电磁辐射），反射后的波快速演化为一个单周期的微波。

武教授认为，球状闪电的形成机理可以这么解释：被微波辐射压排开的电子回流后会很快包围微波，形成一个微波空泡，这个过程很像我们用拳头打在一堆沙子中，沙子会很快包裹住我们的拳头，形成一个空泡。离子动作很慢，等电子空腔形成后，离子才会在电子的牵引下慢慢跟进。

这个理论的最可贵之处在于，它可以成功解释本章一开头就提到的许多球状闪电的典型特征。

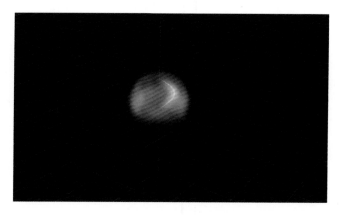

被微波辐射压排开的电子回流后会很快包围微波，形成一个微波空泡

- 可维持球体状态超过 1 秒。一般来说，激光空泡只能维持纳秒量级的时长，但是有一种情况除外，就是等离子体有可供消耗的驱动源，球状闪电俘获的微波就是这个能量源。百焦耳级的微波可以维持等离子体空腔超过 1 秒，而实验表明微波产生的火球在切断能量源后寿命长达 0.5 秒。
- 可在空气中悬浮并水平运动：微波空泡的质量可以完全忽略，但是其等离子体热效应会加热空气诱导其发生对流，这种空气对流就会让球状闪电运动。
- 可在飞机机舱之类的密闭空间内形成，甚至能穿过玻璃类障碍物。电子可以穿透飞机表皮进入飞机，渡越辐射机制在出射面也可以辐射微波，微波可以穿过玻璃。
- 会产生刺激性气味、发出咝咝或嗡嗡声。空气中的等离子体可合成臭氧和二氧化氮，是气味的来源，微波听觉效应导致了声音的出现。
- 安静或爆裂消失：空泡结构可以发生爆裂。

可以说，微波腔理论第一次成功地解释了球状闪电形成的原因，并成功地解释了球状闪电的特征。有意思的是，该理论同样表明电子打击点，也就是球状闪电的形成地点和雷击点没有必然关系，球状闪电完全可以远离雷击点形成，这是与基于雷击点和闪电通道产生球状闪电的理论极不相同的地方，也和目击报告十分相符。

在实验室中复现球状闪电的形成过程

有了理论之后，接下来的重要工作就是实验室实证。武慧春教授正在建设一个大型的闪电发生装置，这个装置的输出电压约 5 兆伏，与真正的闪电头部电压相仿，而且它的电压上升速率也跟自然闪电几乎是一模一样的。根据武教授的理论，闪电头部应该会伴随产生一团高能量电子，虽然以往的实验获得过类似的观测数据，但都是在离闪电头部几百米的地方观测到的。为了进一步验证自己的理论，武教授需要尽可能近距离地观测闪电。

随着科技的发展，科学理论有可能被实验所证伪。那么，武教授的这个理论在什么情况下会被证伪呢？很简单，假如在模拟闪电实验中无法探测到微波辐射，那么理论即宣告"破灭"。

该如何对待"超自然"现象

可以说，在今天，球状闪电对人类来说依然神秘，它依然是物理学中悬而未决的世纪谜题之一。

大自然中还有许多类似球状闪电这样的神秘现象，但不论面对什么样的自然之谜，我们应当秉承的态度是：先找到这种现象存在的证据，然后提出解释现象的假说，最后用实验去验证假说。这是基本的科学精神。科学精神的核心，就是"求真"这两个字。

有很多人都热衷于各种各样的"超自然"现象，希望科学对其给出解释。但是，在要求科学给出解释之前。我们必须要找到这些现象存在的证据。而且，非同寻常的主张就需要非同寻常的证据。越是令人感到神奇的现象，我们就越是要找到那些过硬的证据。这是因为人们不但很容易被自己的感觉和记忆所欺骗，还喜欢听故事，而故事又很容易被当成真事儿来传播。一个理性思考者应当秉持的信念是：这个宇宙中没有什么是超自然的，一切确实存在的现象最终都是自然现象，符合确定的自然规律。

103

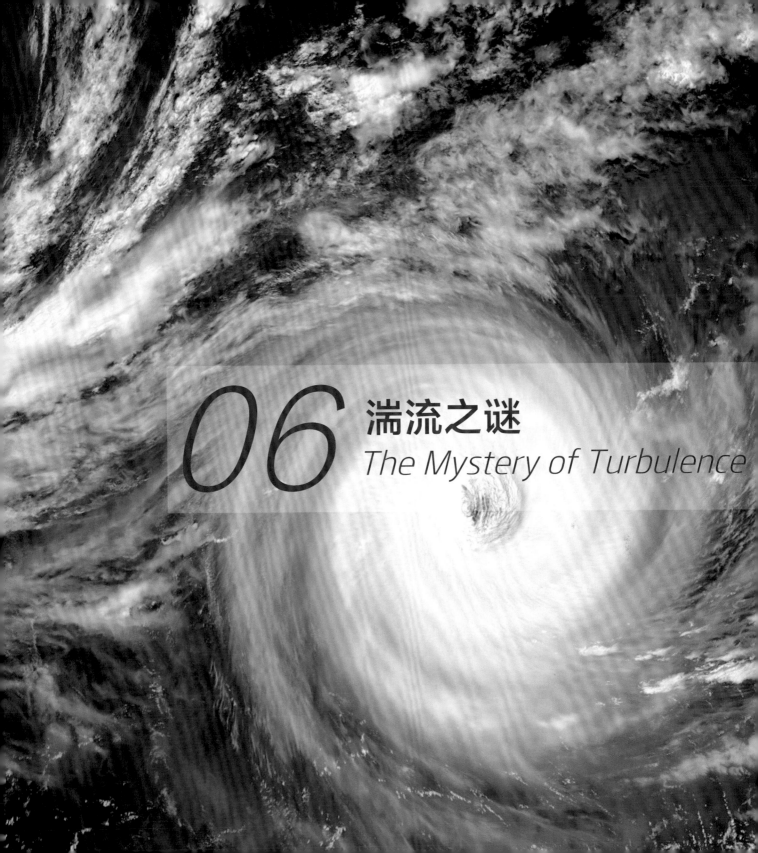

06 湍流之谜
The Mystery of Turbulence

1966 年 3 月 5 日，日本羽田国际机场，一架波音 707 客机平稳地飞离了地面。这架飞机隶属于英国海外航空公司，航班号 911。

飞机起飞后不久，机长就高兴地通知乘客："因为天气原因，空管局更改了本次航班的航线，我们将从富士山上空飞过，希望各位乘客不要错过从高空俯瞰富士山美景的机会。"机舱中传来了几声欢呼，那时候坐飞机还是件很稀罕的事情，能在高空看到富士山，这对机上的 124 名乘客和机组人员来说，都是一次难得的机遇。

几分钟后，飞机就爬升到了 5000 米的高空，天空一片晴朗，美丽的富士山出现在了乘客的眼前，靠近过道的乘客纷纷把脖子伸向舷窗的方向。就在此时，飞机突然剧烈地颠簸起来，这种颠簸的剧烈程度，就连有着 6 年驾龄、经验丰富的机长也从未遇到过。坐在机尾的乘客透过舷窗惊恐地看到：飞机尾舵在猛烈的摇晃中居然咔的一声断裂了，然后迅速地砸向飞机左侧的升降舵，而升降舵也瞬间被砸断。两个重要的舵就这么同时脱离了机身，瞬间消失在人们的视野中。接着，更可怕的事情发生了，挂在机翼下面的 4 个引擎也在剧烈的摇晃中一个接一个地脱落。此时的飞机就像一只一边飞一边掉羽毛的大鸟，完全失去了控制，左摇右摆地朝地面栽下去。

由于天气原因，航班不得不改变航线，
但也正好可以俯瞰富士山

911 号航班被莫名的强大力量在短时间
内撕碎解体

107

没有人会想到，在如此晴朗的富士山上空，911 航班竟然会遭遇如此猛烈的气流，飞机在空中解体，坠毁在富士山脚下，机上 124 名乘客和机组人员全部遇难。

（以上事故描述根据日本官方公布的空难调查报告推测还原。）

那么，到底是什么酿成了这起惨烈的事故？又是什么样的力量如此巨大呢？这些问题引出的可是物理学中的一个世纪谜题。要回答它们，我必须从牛顿运动定律讲起。

支配万物的牛顿运动定律

一个小球在管道中的简单运动，其背后是世间万物都躲不开的牛顿运动定律，让我们来复习一下。

第一运动定律：假如施加于小球的外力为 0，则小球的运动速度保持不变。
第二运动定律：小球的加速度是所受到的力与小球质量之比，即与所受到的力成正比，与自身质量成反比。
第三运动定律：两个小球相互作用时，彼此施加于对方的力，大小相等，方向相反。

世界上的一切运动都是这三个定律共同作用的结果。当小球不多的时候，运动规律简单明了，我们很容易通过计算，预测每一个小球的运动状态。

当然，那些"烧脑"的物理考试题除外。

随着小球的增多，计算量就会呈几何级数增长，预测每一个小球的运动状态将变得越来越困难。不过，这并不是因为理论失效了，而是计算量超出了人类能力。当小球多到一定程度时，它们的整体表现就会越来越像液体，但其中的每一个小球的运动依然遵循牛顿运动定律，无一例外，这是大自然的铁律。

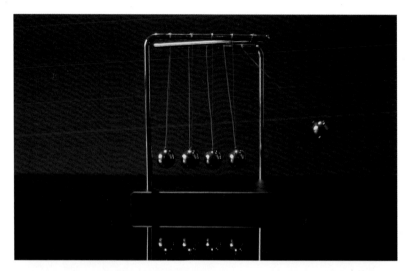

当受力不多时，很容易判断物体的运动状态

整体中的每一个个体依然遵循着物理规则

流体遇到障碍物后，运动状态会变得难以琢磨

当这些小球的尺度缩小到分子量级时，其共同运动就会成为流体运动。牛顿时代的科学家们在细心观察流体运动时，很快就注意到了一个很特别的现象：当水流遇到障碍时，就会形成无数个大小不一的漩涡，这些漩涡不断地消失又形成，流体的运动变得极为复杂多变。科学家们把这种极为复杂的流体运动称为"湍流"，与之相对的概念是运动规则的"层流"。

那么在什么情况下，有规律的层流运动会转变成复杂无序的湍流呢？

纳维 - 斯托克斯方程

让流体往前流动的力量我们称之为惯性力，而阻止流体往前流动的力量我们称之为黏性力。1883 年，英国物理学家奥斯本·雷诺通过实验获得了一个重大发现。该实验表明，当流体的惯性力和黏性力的比值超过 2300 时，层流就会变成湍流。这个比值被学术界称为雷诺数。

奥斯本·雷诺
1872—1912

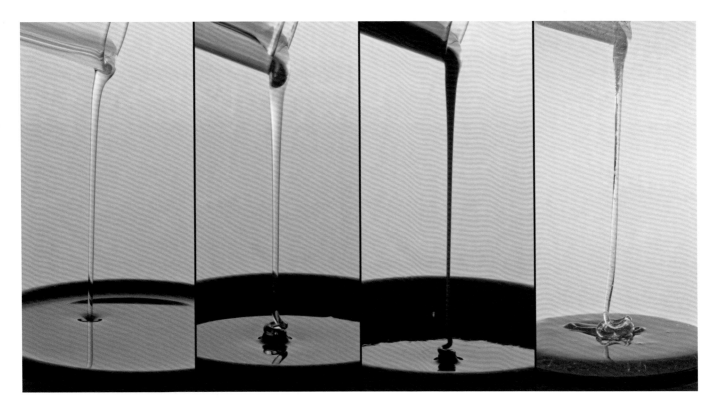

不同雷诺数的流体呈现出不同的运动状态

不同雷诺数的流体，在流动时会表现出不同的状态。

在其他条件不变的情况下，雷诺数越大，液体的流动性越好，流速越快，流动状态也越混乱。

实际上，大自然中的湍流比层流更常见。可以说，湍流无处不在。

不同雷诺数的流体的不同表现

液体和气体都会形成湍流

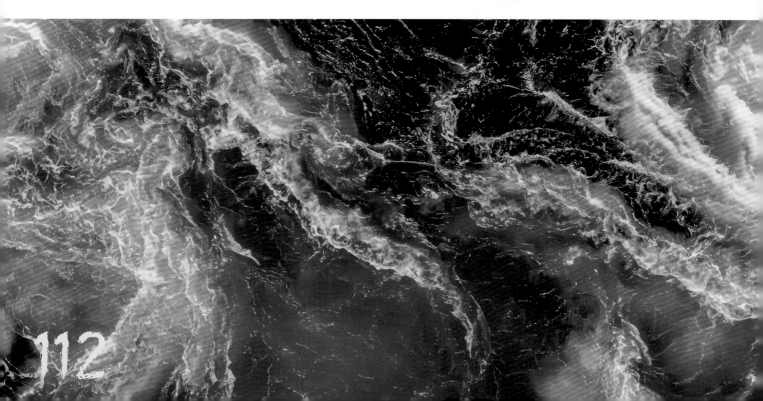

精确计算流体中每一个单位的运动轨迹似乎不可能实现

既然物理学家们能够精确地计算单个小球的运动轨迹，那能不能找到一种更高级的算法，精确地计算出由许多小球形成的湍流的运动轨迹呢？

这显然是一个极难的问题，它吸引了众多物理学家来解答。1827 年，法国物理学家克劳德－路易·纳维率先找到了解决问题的突破口；1845 年，爱尔兰物理学家乔治·斯托克斯又取得了重大进展。这两位物理学家共同的研究成果被学术界称为纳维－斯托克斯方程。

然而，这个方程并不是湍流研究的终点，而是湍流研究的起点。

纳维－斯托克斯方程可以描述流体，但求解起来极其困难，这有点儿像下围棋，我们清楚地知道全部的游戏规则，但想要判断每一步有没有最优下法，却极其困难。彻底解开这个方程中隐藏的奥秘，是几代数学家和物理学家的共同梦想。

英国著名的流体力学家霍勒斯·兰姆说："我已经过了耄耋之年，当我去往天堂的时候，我很希望得到两个问题的答案，一个有关量子力学，另一个有关湍流。对前一个问题我是很乐观的（后一个问题不乐观）。"

诺贝尔奖获得者、物理学家理查德·费曼则表示："有一个古老的物理问题，它涉及很多领域，但依然没有被解决，它就是湍流的计算问题。"

而湍流研究的先驱——中国科学家周培源先生，在 20 世纪 50 年代开创性地提出了"先求解后平均"的解题思想。他被誉为湍流模式理论之父，也是世界湍流研究的四大导师之一。

但直至今日，纳维－斯托克斯方程依然是数学皇冠上的明珠之一。著名的克雷数学研究所选定的 7 个千禧年大奖问题，其中之一就是，纳维－斯托克斯方程是否存在唯一解。

我们可以用下面这个比方来理解这个数学难题。

假如一个小球从高处坠落。决定小球掉落位置的是一个数学方程，它有唯一解，意思就是，只要初始条件一样，掉落的位置也完全一样。而如果这个方程没有唯一解，就意味着，哪怕初始条件完全一样，小球的掉落位置每次都有可能不一样。

物理学家们试图通过求解纳维－斯托克斯方程来了解湍流的演化是否也会像量子一样，具有随机性。

但也有些物理学家在思考一个更加深入的问题：纳维－斯托克斯方程是不是就是湍流问题本身？换句话说，如果我们在数学上解决了纳维－斯托克斯方程，是否就代表我们彻底认识了湍流结构问题呢？物理问题是否能和数学问题画等号？

无论从哪个角度来说，湍流问题都是大自然留给人类的一个重大谜题，等待着人们去破解。

纳维－斯托克斯方程的提出者

研究湍流的意义

气体也是流体，甚至比液体更容易出现湍流现象。

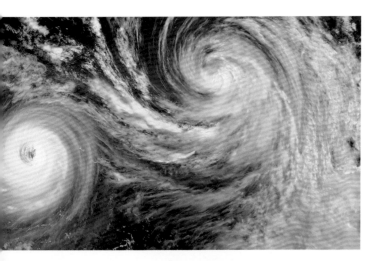

从地球到外太空，湍流现象无处不在

飞机在空中飞行时，经常会遭遇湍流，而且高空中的湍流是无法被肉眼看见的 。911 航班很可能就是在日本富士山上空遭遇了一次晴空湍流。飞机在极度紊乱的气流中飞行，机翼被各个方向的气流无序撕扯，使得飞机的震动幅度远远超过了设计强度，最终在空中解体。

尽管现在的民航客机都加大了结构强度，但晴空湍流依然是与天气相关的航空事故的第一原因，也是空乘人员严重受伤的最常见原因。揭开湍流之谜的意义岂止是准确预报晴空湍流，更重要的意义在于指导和优化飞行器的工程设计。

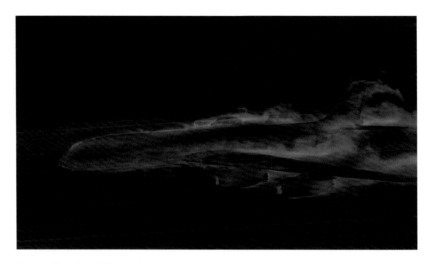

揭开湍流之谜，才能尽可能避免空难的发生

当前人类对晴空湍流的预测能力还比较弱

2003 年 2 月 1 日，哥伦比亚号航天飞机在返回大气层时解体，7 名机组成员全部遇难，震惊全世界。事故的直接原因是航天飞机助推器上的防热瓦脱落，击中机翼，造成飞机破损。返航时，高速气流经过其破损点，层流转变成湍流，这个过程在流体力学中被称为转捩。实验表明，空气在转捩时，温度会上升 4 倍左右。这导致哥伦比亚号航天飞机的机身热载荷分布不均，超过设计的承受能力，最终高温熔化了外壳，航天飞机解体。高超声速飞行器的防热问题一直是让科学家最头疼的难题之一，本质上也是湍流结构问题。

内蒙古的辉腾锡勒风力发电场，一年四季都刮着大风，这些风我们看不见，所以，其实人们并不知道在同样一片区域中应该安放多少台风机，以及怎么安放这些风机，才能让风能利用率最高。每一台风机的叶片后面都会形成复杂的湍流结构，风机与风机之间相互影响，在这里形成了一个超级复杂的湍流区域。如果能破解湍流之谜，我们就能找到风机的最佳排布方式，大大提升风能的利用率。

哥伦比亚号航天飞机在返回大气层途中，高速气流从机翼的破损点经过形成湍流，最终使飞机解体

了解看不见的湍流，可以让人类更好地利用风能

潜艇最重要的优势在于它的隐蔽性强。潜艇在大洋深处航行时，产生的噪声越小，隐蔽性就越好。尽可能减少潜艇在潜行时产生的噪声，是潜艇设计中至关重要的问题之一。

减少湍流带来的噪声，会让潜艇隐蔽性更好

中国的湍流研究

在今天，湍流已经成为影响国家航空、航天、航海等工程的关键瓶颈之一，是迫切需要解决的重大应用基础课题。2017年7月，中国国家自然科学基金委员会"湍流结构的生成演化及作用机理"重大研究计划正式立项。中国科学家以组队的方式向这个世纪难题——湍流之谜——发起了挑战。

破解湍流之谜的关键实验设备之一是风洞，顾名思义，风洞就是一个能产生风的管道。

下图是一台低速风洞装置，从这里可以吹过的风的最大速度大约是每秒35米，相当于汽车时速达到126千米时迎面吹来的风的速度。科学家们可以在风洞中观察气流流过飞行器时的变化。

风洞可以测试不同外形的飞行器与气流的相互作用力。当风吹过飞机时，飞机减轻的重量相当于飞机获得的升力大小。通过风洞装置，可以观察不同的飞机模型在同样的风速下，获得的升力有何不同。

风洞是流体力学的科研活动中最为重要的实验设备之一

北大湍流实验室

我国湍流研究的"心脏"，是北京大学的湍流与复杂系统国家重点实验室。这里便有一台高超声速风洞装置。

李存标教授：导弹在飞行的时候，吹过它表面的气流速度远超声速，这样就会在边界层形成湍流，世界上第一张高超声速湍流形成过程的完整照片就是在我们这里拍摄到的，进而发现了气动加热新原理。湍流对整个导弹的气动热分布有着至关重要的影响。比如说东风–17导弹的研发就离不开它的贡献。

低速湍流水洞专门用来做湍流产生实验。在这些水中，充满了平常肉眼看不见的微小颗粒，但如果在高强度的激光照射下，这些颗粒就会清晰可见，然后就可以用多台高速摄像机，用约每秒65万帧的速度，把粒子的运动轨迹拍摄下来，用于研究湍流形成的过程。湍流的基本结构，即内孤力波相干结构就是在这里被发现的。

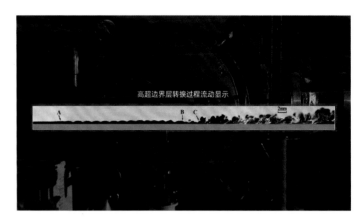

高超声速风洞装置与世界首张高超声速湍流形成过程的完整照片

利用低速水洞，中国科研人员在世界上首次发现了湍流的基本结构

李存标教授（右）为本书作者汪诘讲解风洞与水洞装置

清华大学先进湍流模拟实验室

清华大学航天航空学院先进湍流模拟实验室里有一种不需要风的风洞，被称为数值风洞。

符松教授：利用计算机来模拟流体的运动状态，这被称为计算流体力学（CFD）。用计算机模拟一个小球的运动很容易，但流体运动相当于数以万万亿计的小球发生相互作用，这就需要用到更高级的算法。CFD从本质上来说，就是求解纳维－斯托克斯方程，但是，现在数学家还不能彻底破解这个方程的奥秘。目前的做法是用画网格的方式把对象分割成无数的小块，在每一个小块中求近似解。网格分得越细，所需要的计算量也就越大。当计算量大到一定程度，我们就需要借助超算来完成计算。

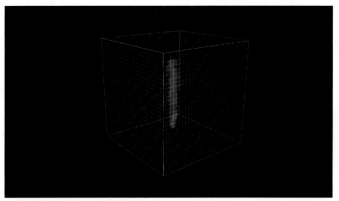

CFD的本质就是求解纳维－斯托克斯方程

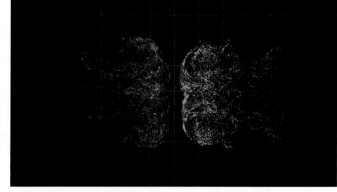

符松教授为我们展示用计算机软件进行研究的数值风洞

我国自主研发的首架大型客机C919的机翼就诞生在这里。从2008年7月到2012年底，符松教授带领团队一共设计了几千副机翼，通过数值风洞筛选出20多副候选机翼，按1:16制作成高精度的模型，放入真实的风洞中进行测试。清华大学航天航空学院张宇飞副教授告诉我们，与空客的产品相比，中国自主设计的机翼，巡航阻力减小了5%，是世界上最好的机翼之一。但是，只要湍流结构的生成演化及作用机理没有被彻底解决，就不敢保证找到了最好的设计，科学家们依然在不断寻找更优的解法。

中国科学院力学研究所

我国力学研究的中心——中国科学院力学研究所，有许多年轻的中国科学家，他们都是湍流之谜的挑战者。

杨晓雷博士：用 CFD 可以模拟风机叶片后的湍流结构，这样就能优化风机的排布，提高风能的利用率。

杨子轩博士：我们还可以用 CFD 来模拟波浪运动，这在船舶设计、防灾、减灾方面都有应用前景。

实拍流体运动与 CFD 模拟流体运动的对比

超算中心

计算流体力学的关键设备是超算中心，它也是大国重器之一。我国已经在天津、长沙、济南、广州、深圳、郑州、无锡、昆山建成了 8 个超算中心。截至 2022 年 3 月，我国进入全球 500 强的计算机总数和总算力均为世界第一，中国已经成为世界流体力学研究中最重要的力量之一。

超算中心是破解湍流海量计算的关键

湍流之谜是经典物理学皇冠上的明珠，是无数物理学家心目中的宝石。曾经，一个物理学家可以单枪匹马，仅凭一支笔或者一间简陋的实验室，就能做出划时代的伟大发现。然而，那样的黄金年代已经一去不复返。今天的物理学，已经进入了"大科学时代"。攻克一个物理难题，就像完成一项超级工程，不仅需要一流的科学家团队，还需要强大的工业制造能力。破解湍流之谜，就像是一场持续了两个世纪的接力赛，年轻的科学家们从前辈的手中接过交接棒，继续奔跑，跑着跑着，他们的头发就白了，但总有年轻人等在前面接棒，继续奔跑。此时此刻，我非常羡慕年轻的你，因为你有机会亲身参与到这场破解世纪谜题的伟大探索中，而我，只能静静地等待，但我会和很多人一道，为你们起立、鼓掌、喝彩。我相信，在我的有生之年，能够等到湍流之谜被彻底揭开的一天。

125

07 快速射电暴
Fast Radio Burst

光与电磁波

星空为何如此绚烂美丽？宇宙为何令人向往？答案只有一个字：光。有了光，世间不再黑暗，万物有了色彩。光，是这个宇宙中最普通但又最神秘的物质之一。自古以来，人类都在追问：光到底是什么？

19 世纪的科学家们终于发现，光是一种电磁波。当电磁波的频率位于一段特殊的区间时，便是我们的肉眼可以感受到的光。在这个区间之外的电磁波，也可以看成一种特殊的不可见光。

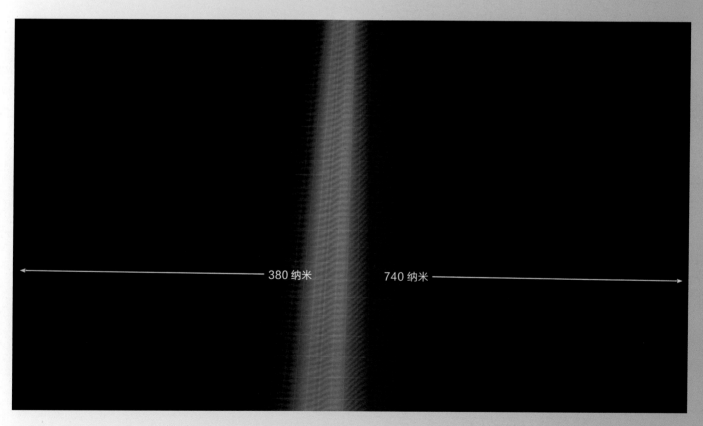

不同波段的光

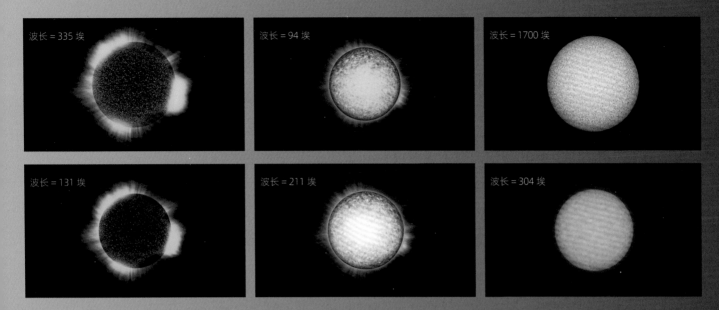

不同波段的光背后隐藏着宇宙的奥秘（1 埃 =10^{-10} 米）

利用红外线镜头，人们就可以把看不见的红外线捕捉到然后成像。红外是一种频率比红色光的频率更低的电磁波。宇宙中的天体除了发出可见光，还会发出各种频率的电磁波。在天文学家们看来，这些电磁波与可见光并没有什么本质的区别，它们都携带着来自宇宙的丰富信息。

射电望远镜就像是人类的第三只眼睛，让我们看到了许许多多令人震撼的宇宙奇观。尤其是在 20 世纪 60 年代，科学家们利用射电望远镜看到了宇宙大爆炸的余晖，看到了星际空间中的有机分子云，看到了像旋转灯塔一样的脉冲星，看到了亮度超过整个星系的类星体（它是星系中心超大质量黑洞所激发的喷流）。

射电望远镜是人类观察宇宙的"眼睛"

星际有机分子、脉冲星、类星体和宇宙微波背景辐射，这些壮美的宇宙奇观，被称为 20 世纪射电天文学四大发现。但是，在这四大发现之后的 40 多年，射电天文学领域就再没有与之媲美的新发现，直到 2007 年，一位美国天文学家的一项意外收获，再次卷起了射电天文学的风暴，甚至引发了一场宇宙学研究的革命。这又是怎么一回事呢？精彩故事才刚刚开始。

20 世纪人类通过射电望远镜发现的令人惊叹的宇宙奇迹

神秘的宇宙风暴

2007 年初的某一天，美国西弗吉尼亚大学物理系的本科生戴维·纳尔科维克小心翼翼地敲开了其导师邓肯·洛里默的办公室，他手里拿着一张射电望远镜的信号图，漫不经心地说道："我好像发现了一点儿有趣的东西，似乎应该是一颗脉冲星，但显然它不是。"洛里默接过信号图仔细看了起来，他马上就来了兴趣，天文学家的职业敏感性让他觉得这个信号很不寻常。

这个脉冲信号深藏在澳大利亚帕克斯天文台射电望远镜的海量数据中，产生的准确时间是 2001 年 7 月 24 日，来自小麦哲伦云的方向，仅仅持续了不到 5 毫秒的时间，但信号强度却是底噪的 100 多倍。它就好像宇宙中的一次短暂而强烈的闪光，瞬间淹没在星海中。该信号的特征与脉冲星很像，但问题是，脉冲星都是周期性的重复信号源，而这个信号则是单次爆发，稍纵即逝。不过，真正令洛里默感到震惊的是接下去的发现。

从遥远太空传来的脉冲星的信号

这个信号的频率主要分布在 1.2GHz 到 1.5GHz 之间。由于受到星际物质的阻碍，频率越高的信号抵达射电望远镜的时间会越早。这种现象在天文学中被称为色散。色散越大，说明信号源离我们越远。当洛里默根据该信号的色散量估算出了距离后，他倒吸了一口凉气，觉得不可思议。这个信号源距离地球达到了惊人的 30 亿光年，而银河系的直径不过 10 万光年。我们知道，信号强度与距离的平方成反比，这个信号在跨越了 30 亿光年的漫漫征程抵达地球后，信号强度依然能达到底噪的 100 多倍。这意味着，这个信号源的真实亮度超过了 1 亿个太阳的亮度。

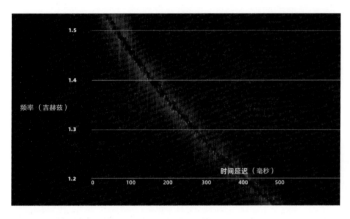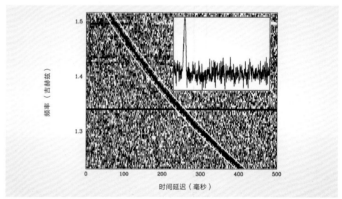

脉冲星信号强度之大，超出了科学家的想象

有意思的是，洛里默的太太茱拉也是一位射电天文学家，她在知道了这件事情后，跟洛里默说："你们还是洗洗睡吧，这肯定是个乌龙事件，说不定就是帕克斯附近的某个电器发出的信号。"茱拉的这个判断是有根据的，因为自 1998 年以来，帕克斯地区一直被另外一个"神出鬼没"的神秘信号困扰着，那个信号被科学家们戏称为"鹿鹰兽"，它总是出现在工作日的白天，具体时间很随机，位置也是飘忽不定，所有人都认为鹿鹰兽肯定是一种人工干扰源，但就是找不到它。直到 2015 年 3 月，这个困扰了帕克斯地区长达 17 年之久的鹿鹰兽才被执着的科学家们揪了出来，原来是一台微波炉：只要有人在定时器设置的时间到达前，强行拉开炉门，就会释放出一只"鹿鹰兽"。

因此，洛里默的发现在随后 4 年中一直受到质疑，并没有引起广泛重视。直到 2011 年 2 月 20 日，又一个类似的神秘信号被帕克斯天文台的射电望远镜捕捉到，紧接着，这一年的 6 月 27 日和 7 月 3 日，又接连出现了两次类似信号。它们都是在射电望远镜做特定的巡天观测时被捕捉到的。到了 2013 年 7 月，英国曼彻斯特大学的桑顿博士在著名的《科学》杂志上发表了一篇论文，详细分析了 2011 年的这 3 个信号以及 2012 年 12 月的另一个信号，他指出，这些信号色散量如此之大，不可能是人工干扰，再加上其他一些稀有的特征分析，桑顿首次提出了 Fast Radio Burst，也就是"快速射电暴"的概念，简称为 FRB。桑顿用 FRB010724 来表示 2001 年 7 月 24 日发现的"洛里默爆发"，这种命名方法一直沿用至今。

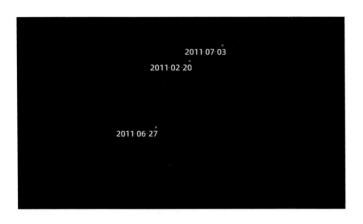

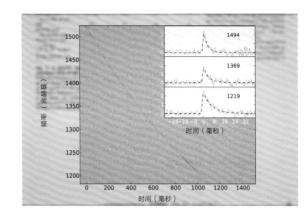

帕克斯天文台的射电望远镜做特定的巡天观测时捕捉到的神秘信号

也是从这一年开始，快速射电暴的研究在天文学领域迅速升温，很多天文学家转头干起了考古学家的工作，他们开始在全球的射电望远镜数据中寻找快速射电暴。这些信号的共同特征是：持续时间极为短暂；色散量很大；距离地球极为遥远，动不动就是几十亿光年之外；爆发出的能量更是大到恐怖，亮度超过 1 亿个太阳的亮度。对天文学家们来说，这有点儿像是淘金，因为每找到一个，都能在顶级期刊发表一篇论文。在这种"奖励机制"下，天文学家们又找到了 10 多个新的快速射电暴。

那么，快速射电暴的成因是什么呢？一时间，各种各样的假说被提出来，假说的数量一度超过了快速射电暴的数量。最先提出的一类假说是"撞击说"，即宇宙中的两个致密天体相撞，比如两个黑洞相撞，两个中子星相撞，或者中子星掉入黑洞中，等等，这类假说很容易解释为什么快速射电暴时间极短、能量超大。但是，2015 年的一个发现却沉重地打击了这类假说，让快速射电暴变得更加神秘。

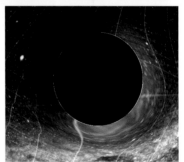

致密天体的撞击演示

133

2015 年 5 月到 6 月间，荷兰阿姆斯特丹大学的贾森·赫塞尔斯博士领衔的团队利用阿雷西博射电望远镜观测 FRB121102，这是 2012 年 11 月 2 日由德国马克斯·普朗克射电天文研究所的天文学家劳拉·斯皮特勒观测到的一个快速射电暴。幸运女神垂青了赫塞尔斯团队，在劳拉的帮助下，他们在一个多月的时间内竟然观测到了 10 次重复爆发。每次爆发都短于 1 毫秒，但真实亮度却超过 5 亿个太阳的亮度。这是天文学家首次观测到会重复爆发的快速射电暴，这说明，至少这个射电源不是一次性的宇宙灾难事件，撞击或者爆炸假说遇到了麻烦。

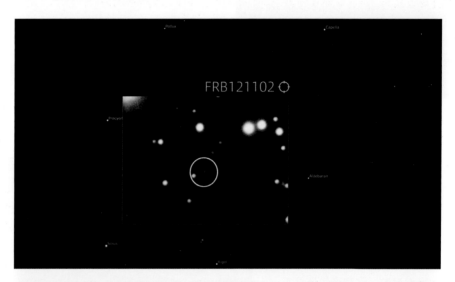

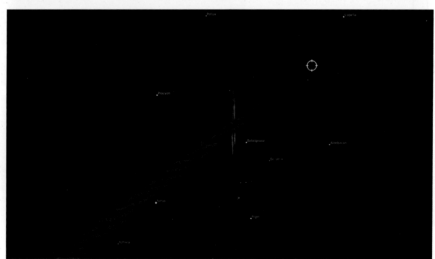

新的快速射电暴重复爆发

神秘现象的求证之旅

科学家们从来不缺乏对神秘现象的热情，只不过，他们需要看到神秘现象确实存在的证据，靠捕风捉影、道听途说是远远不够的。这也是网上经常传一些所谓神秘事件，但科学家们似乎很冷漠的原因。赫塞尔斯的发现在 2016 年 3 月登上了学术期刊《自然》杂志后，学术界对快速射电暴的热情又上了一个台阶。不过，真正让快速射电暴走入大众视野，"刷屏"全网的事件发生在 2019 年 1 月，"外星人"3 个字又一次出现在全世界的媒体上。

2019 年 1 月 9 日，加拿大氢强度测绘实验（CHIME）望远镜团队在《自然》杂志连续发表两篇论文，报告了他们的研究成果。建成还不到一年的 CHIME 望远镜在 2018 年 7 月到 8 月间的调试阶段，就观测到了 13 个新的快速射电暴，并且发现了第二例重复快速射电暴 FRB180814，这个射电源在两个多月的时间中，被观测到了多达 6 次重复爆发。尽管对于学术界来说，这并不算开创性的重大发现。但是，媒体的热情却出乎意料地高涨。英国 BBC 在论文发表的当天就刊登新闻，标题是《来自宇宙深处的神秘无线电信号》，随后，美国的 CBS 新闻、《科学》杂志、国家地理等众多国际大媒体都纷纷以"宇宙神秘信号"为关键词参与了报道。英国卫报在新闻标题的结尾加了"可能是外星人"，而以煽情和八卦著称的英国太阳报的标题从没有让其读者们"失望"过：来自宇宙深处的第二个神秘重复信号背后是否藏着外星人？这个新闻传到国内，就有自媒体公众号给出了这样的标题：外媒炸裂！真是外星人？宇宙神秘信号到底要不要回应。

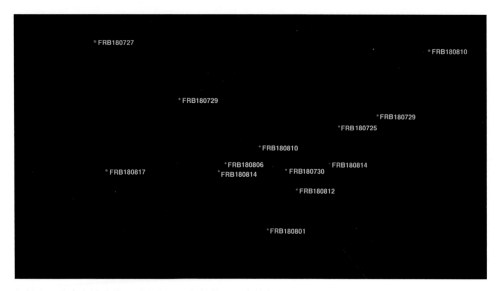

频繁出现的宇宙神秘信号让人们几乎相信外星人真的存在

已知的快速射电暴信号来自宇宙的各个方向，因此，相距几十亿光年的不同外星人怎么可能全部采用类似的信号发送方式呢？退一万步来说，即便真的是外星人，那么所有这些信号都是 10 亿到几十亿年前发出的，假如人类给他们回一个信号，他们要收到信号也是 10 多亿年后的事情了。不过，第二例重复快速射电暴的发现，在学术界掀起了新一轮研究快速射电暴的热潮，包括中国天文学家在内的各国天文学家努力寻找着新的重复源。一年多的时间，天文学家们又发现了近 20 个重复快速射电暴。有了这些数据积累后，雄心勃勃的天文学家们制定了下一个目标：主动预测一个重复快速射电暴。而第一个完成这项挑战的就是中国的科研团队。

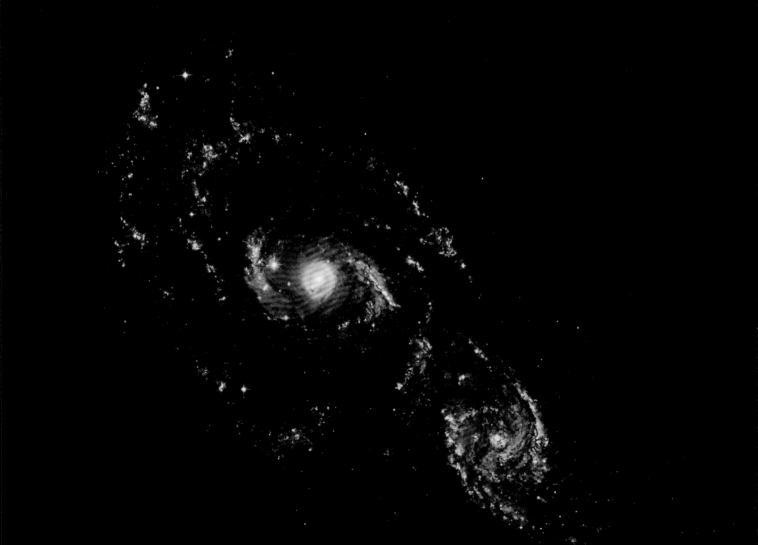

大质量恒星的生命以爆炸的形式终结，并形成一颗密度极大但体积很小的中子星

 # 中国科研团队精准预测快速射电暴

立项时间：2019 年 4 月。

项目名称：监测快速射电暴的重复暴候选体。

科学团队：北京大学天文系脉冲星研究团组，中国科学院国家天文台致密天体和弥散介质研究团组，美国内华达大学拉斯维加斯分校的高能天体物理课题组 。

项目主要内容：在中国天眼 500 米口径球面射电望远镜（FAST）的可观测天区当中，筛选出符合低光度标准的几个已知的快速射电暴源，用 FAST 对其进行跟踪观测，旨在发现其可能存在的重复爆发。如果从中探测到重复暴，将有如下重要意义：支持重复暴与非重复暴可能存在的光度分类的证据，对解答是否所有快速射电暴都会重复的重大问题提供参考；对新的重复源进行后续观测，可能发现新的观测特征，有助于揭示其物理起源。

项目成果：2019 年 7 月 16 日上午，FAST 对 FRB180301 进行了两小时的跟踪观测，获取了海量数据。2019 年 9 月 6 日，项目团队成员，中国年轻科学家罗睿在观测数据中发现了快速射电暴，这是世界上首个被成功预测的重复快速射电暴。一年多后，这项重大成果在《自然》杂志发表。

快速射电暴的相关假说

美国哥伦比亚大学的布赖恩·梅茨格、哈佛大学的埃多·伯杰和加州大学伯克利分校的本·马格利特这 3 位天文学家是活跃在快速射电暴研究领域的"黄金搭档"。2017 年，他们在共同发表的论文中提出，质量大于 40 太阳质量的恒星，在生命的尽头会产生一次超亮超新星爆发。这种超新星的亮度是普通超新星的 10 倍以上。这种超级爆发后，有可能产生一种磁场强度远强于银河系中已知磁陀星的中子星。那么它就有可能解释一些已经观测到的异常活跃的快速射电暴。

2019 年，这 3 位科学家再次发表论文提出了双中子星并合假说。双中子星是宇宙中两颗靠得很近的中子星，它们围绕着共同的质心旋转。随着时间的推移，两颗中子星越靠越近，最终发生剧烈的并合。这种宇宙事件在 2017 年被引力波天文台和射电望远镜联合证实。他们认为，双中子星并合后能产生一种非常活跃的磁陀星，也就是那些活跃的重复快速射电暴的来源。他们的计算结果与对 FRB180924 观测的结果相符。

中国的天文学家也活跃在快速射电暴领域。南京大学天文与空间科学学院的戴子高教授在 2020 年 6 月发表研究论文，提出中子星周围有可能存在一个小行星带，当小行星物质落入中子星的磁层中时，强大的潮汐力和磁场会把小行星撕碎并拉成长条状。高速坠落过程中产生的感应电场会把碎片中的电子剥离出来，并且加速到极端相对论速度，形成快速射电暴。他的计算结果与 2020 年 4 月观测到的那次银河系内的磁陀星爆发的观测数据相符。

也有科学家提出，快速射电暴可以在黑洞吞噬中子星时产生；也有可能是快速自转的脉冲星时不时地发出巨脉冲；此外，被怀疑是快速射电暴来源的天体还有带电黑洞、原初黑洞，以及假想中的白洞、宇宙弦等，甚至还有科学家认为，不能排除外星人建造的巨型光帆的可能性。总之，假说的数量比现有的观测证据还要多。

今天天文学家们就像是来到了一片完全陌生的森林，带着迷茫而又兴奋的心情，好奇地观察着周围的一切。我国建成没有多久的天籁望远镜阵列（称为天籁实验阵列），由 3 组南北长 40 米东西宽 15 米的抛物柱面射电望远镜和 16 面 6 米口径碟形射电望远镜共同组成，为探索快速射电暴的起源之谜再添一件利器。

双中子星并合后产生的磁陀星

天籁实验阵列不停地在寻找宇宙深处的快速射电暴信号

举世无双的中国天眼

现在，中国已经成为射电望远镜的强国，现代天文学探索强烈依赖观测设备的灵敏度，这些观天巨眼将会为人类探索宇宙的事业做出巨大贡献。

我们上初中的时候就知道，利用一面凹面镜，就可以将光线会聚到一点。同样的道理，看不见的电磁波也可以被凹面镜会聚起来，原本微弱的信号会被大大增强。因此，接收它们的设备虽然长得一点都不像人们心目中的望远镜，但依然被称为"射电望远镜"。

位于我国上海天马山附近的 65 米口径天马射电望远镜，以其口径来衡量的话，它是我国第二大、世界第六大的射电望远镜。它除了用来和宇宙探测器联系，也是天文学家们探索宇宙的利器。像这样的望远镜，全世界还有很多。

1961 年，在澳大利亚的新南威尔士的帕克斯镇附近，建成了当时全世界第二大的射电望远镜帕克斯望远镜，口径 64 米，直到今天还在不断地产出成果。两年后，美国人把射电望远镜的口径一下子增大到令人吃惊的程度，在美属波多黎各岛上建成了一台超级射电望远镜，即阿雷西博望远镜，它的口径达到了 305 米，反射面积相当于 10 个足球场的面积之和。这项超级工程被评选为人类 20 世纪十大工程之一。53 年后，该射电望远镜的口径纪录被中国打破。

中国上海天马山射电望远镜

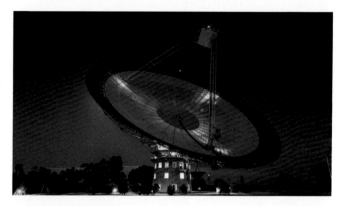

澳大利亚帕克斯望远镜

美属波多黎各岛的超级射电望远镜

从 1994 年开始，中国杰出的天文学家南仁东教授走遍了中国的山山水水，只为寻找一处合适的山谷，建设超级射电望远镜。2011 年 3 月，全世界最大的单口径射电望远镜开工建设。中国的工程师们攻克了一个又一个技术难关，再次刷新中国速度，仅用了 5 年多的时间，在 2016 年 9 月 25 日，就将我们这颗星球上最大的一口"铝锅"支在了中国贵州的山谷中。这就是中国"天眼"（即前文提到的 FAST），口径 500 米，反射面积超过 30 个足球场面积之和。假如用这口锅烧满满一锅饭，可以够全世界人民吃一整天。随着 2020 年 12 月 1 日阿雷西博望远镜的坍塌，中国天眼成了全世界唯一的一台单口径超过 110 米的超级射电望远镜。

中国天眼是举世无双的超级射电望远镜

射电望远镜的反射面积越大，灵敏度也就越高。中国天眼的综合灵敏度是帕克斯望远镜的 10 倍，是阿雷西博望远镜的 2 倍。不过，当射电望远镜造得这么大之后，它也就不可能转动朝向了。就好像人的脖子不会动了一样，只能看到头顶大约 20 度以内的天空。此外，这种超级工程对地形的苛刻要求以及本身的施工难度，使得中国天眼现在已经成了世界上的一根"独苗"。其他国家为了提高射电望远镜的灵敏度，大多采用了另外一种相对容易的方案，就是射电望远镜阵列。

简单来说，望远镜阵列的原理就像很多人拿着一面镜子朝同一个位置反射阳光。镜子越多，光斑的亮度也就越亮，这就相当于增强了望远镜的灵敏度。这种做法的缺点是，由于镜子与镜子之间存在空隙，信息会有损失。

美国新墨西哥州圣阿古斯丁平原上的甚大望远镜阵列，由 27 台单口径 25 米的射电望远镜排列成 Y 形组成，每一条臂长 21 千米。加拿大的 CHIME 阵列，由 4 个 100 米 x 20 米的半圆柱体组成。

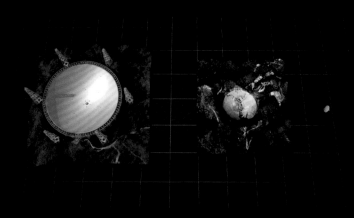

中国天眼的综合灵敏度是阿雷西博望远镜的 2 倍、帕克斯望远镜的 10 倍

美国甚大望远镜阵列

加拿大 CHIME 望远镜

20 万年前，当智人仰望星空，对日月星辰产生好奇之时，便是人类文明的破晓时分。2300 多年前，一位中国诗人写道："遂古之初，谁传道之？上下未形，何由考之？……日月安属？列星安陈？"这便是屈原所著之《天问》。 2300 多年后，中国将火星探测器命名为"天问一号"，以纪念这位对宇宙和自然充满好奇的先贤。有人说，知道了宇宙起源、天体起源又有何用？研究那些从几万到上百亿光年外的天体，对人类又有何用？我想说，无用之学恰恰是纯科学，它是人类与未知的一场无尽恋爱，满足好奇心是纯科学的唯一目的。好奇心不在乎有用无用，它只在乎是什么，为什么。正因为在人类的历史长河中，始终有一群人，对宇宙、自然和生命充满了好奇，人类才拥有了科学。科学就是好奇心的产物，它推动着人类文明大踏步前进。我们的好奇心驱动着现代天文学，而天文学又推动了数学、物理、工程技术的巨大发展。我们绝不能指望，一个对星辰大海失去好奇的民族，能够建成科技强国。我们更不能指望，一个不热爱仰望星空的文明，能赢得宇宙大社会的尊敬。继续前进，人类，我们的征途是星辰大海！

08 恒星光变
Light Curves

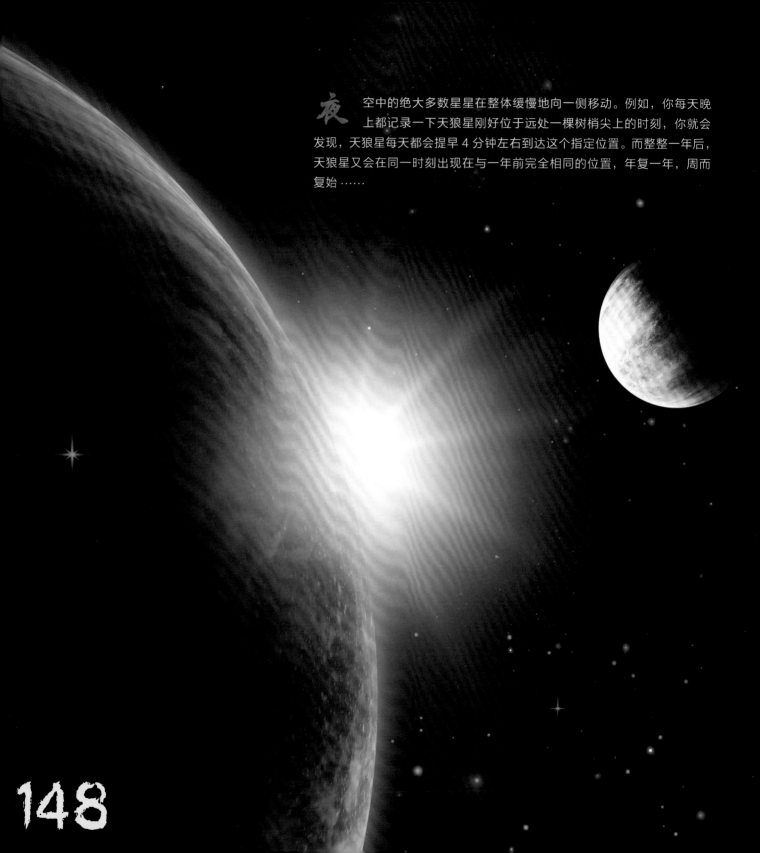

夜空中的绝大多数星星在整体缓慢地向一侧移动。例如，你每天晚上都记录一下天狼星刚好位于远处一棵树梢尖上的时刻，你就会发现，天狼星每天都会提早 4 分钟左右到达这个指定位置。而整整一年后，天狼星又会在同一时刻出现在与一年前完全相同的位置，年复一年，周而复始……

如果你用一个晚上的时间，把所有星星走过的路径给连接起来，你会发现它们整体绕着北极星旋转，而这颗北极星似乎永远处在同一个位置，一年四季从不变化。人们把这些每年同一时间都处在同一个位置的星星称为"恒星"。

与此同时，天上有 5 颗星星很是特别。虽然它们只是星星中的九牛一毛，但是你却很容易发现它们（至少能轻易地发现其中的 4 颗），因为它们在天空中显得非常亮。这 5 颗星星每天晚上在天空中的位置都是不同的，而且亮度也会发生变化。中国人很早很早就注意到了这 5 颗星星，并根据传统的五行学说，把它们命名为金星、木星、水星、火星、土星。这 5 颗星星相对于满天的繁星来说，就好像是 5 个会行走的异类，因此，人们把这 5 颗星星称为"行星"。

每当我们仰望星空，会看到很多星星都在闪烁，不过，星星闪烁并不是由于星星的亮度本身在发生周期性的变化，而是因为地球大气对星光产生了扰动。

星星的闪烁是受地球大气的影响

英仙座 β 星（魔星）的发现

恒星的亮度之所以会发生周期性的变化，是由于其与地球之间的距离会发生周期性的变化。

但恒星亮度的微小变化，绝大多数普通人无法用肉眼直接观察到，除非你像 200 多年前的古德里克一样，拥有无与伦比的敏锐双眼。英国人古德里克虽然是一位聋哑人，但他的双眼却能"望穿星辰"。

古德里克从小痴迷于观星，1782 年，年仅 18 岁的他没有借助任何望远镜和其他仪器，仅凭一双肉眼就测定了英仙座 β 星（魔星）的亮度变化周期：2 天 20 小时 49 分 8 秒。这与我们今天借助天文仪器的测量结果几乎一致！更重要的是，古德里克对这个现象提出了一个解释：英仙座 β 星是由一亮一暗两颗恒星组成的双星系统，它们绕着共同的质心旋转，这才形成了周期性的明暗变化。

古德里克痴迷天文学，并且拥有不可思议的观察力

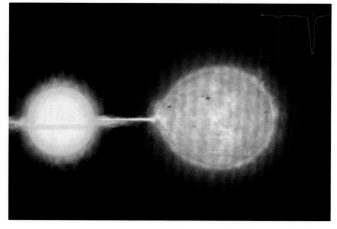

英仙座 β 星是由一亮一暗两颗恒星组成的双星系统

凭借这项成就，古德里克成了当时英国最年轻的皇家学会会员（相当于我国科学院的院士）。仅仅两年之后，也就是 1784 年，他再次发现了一颗恒星的亮度呈周期性变化，这颗恒星是仙王座 δ，中文名为"造父一"，其光变周期大约为 5.4 天。天文学家们发现，这颗恒星亮度变化的原因是自身的周期性膨胀和收缩，这是一颗处于生命最后阶段的恒星。这种类型的恒星在研究领域被称为**造父变星**。

质心是什么

质心为多质点系统的质量中心。若对该点施力，系统会沿着力的方向运动而不会旋转。质点的位置是对质量加权取平均值后得到的位置。以质心的概念计算力学问题通常比较简单。

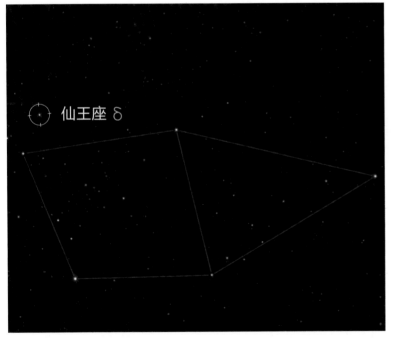

造父一的亮度变化源自其自身的周期性膨胀与收缩，光变周期大约为 5.4 天

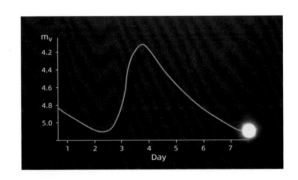

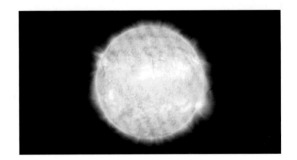

行星凌日

恒星亮度周期性变化的原因，除了双星系统的互相遮挡、周期性膨胀，还有一个是一种非常罕见的天象：行星凌日。

所谓行星凌日，是指某颗行星夹在地球和这颗行星的母恒星之间，从地球上看过去，行星会遮挡住一部分恒星的光芒，恒星的亮度会下降。等行星移出观测者的视线，恒星的亮度又会恢复。在地球上用肉眼可见的行星凌日天象是水星凌日和金星凌日。

日食虽然不是行星凌日，而是月球凌日，但原理与行星凌日是一致的。2020 年 6 月 21 日下午 2:40 左右，在我国境内，从西藏那曲到福建厦门沿途，都可以观测到一次罕见的日环食天象。

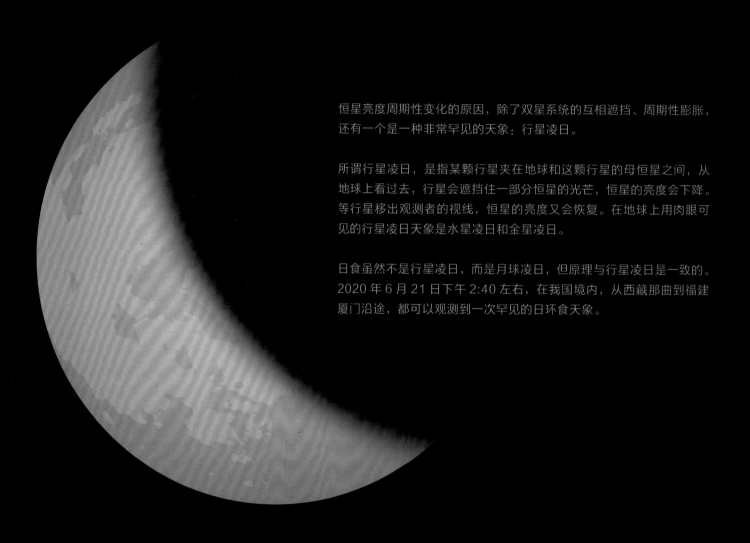

行星凌日小知识

水星凌日平均每 100 年出现 13 次，21 世纪还有 10 次。

金星凌日平均每 100 年出现 2 次，21 世纪的 2 次发生在 2004 年和 2012 年，下世纪的 2 次将会发生在 2117 年和 2125 年。

日食平均每年都会发生一两次，下一次中国境内可观测的日环食将会发生在 2030 年 6 月 1 日，日全食将会发生在 2035 年 9 月 2 日。

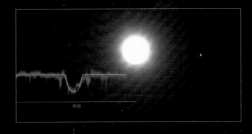

恒星亮度的变化往往仅有 1%，很难用肉眼察觉

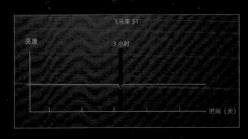

飞马座 51 亮度下降会持续 3 小时

与行星凌日的原理一样，假如某颗恒星携带行星，而行星的公转轨道恰好与恒星和地球的连线相交，从地球上观测这颗恒星，就有可能观测到行星遮挡了它的母恒星，降低了母恒星的亮度，只不过这种亮度变化非常微弱。例如，假如有外星人在某颗系外行星观察太阳，当木星遮挡住太阳时，外星人只会观测到太阳的亮度降低了大约 1%。这种亮度变化不可能用肉眼观察到，只能借助专门的天文望远镜。

1995 年，瑞士的两位天文学家马约尔和奎洛兹发现，恒星飞马座51，每隔 7 天，它的亮度就会下降 1.7%，持续 3 小时。这意味着，应该有一颗木星大小的行星，每隔 7 天就绕着它转一周。马约尔和奎洛兹凭借对飞马座51的研究成果获得了 2019 年的诺贝尔物理学奖。

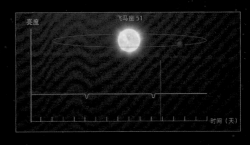

这说明有一颗木星大小的行星，每隔 7 天就绕着飞马座 51 转一周

马约尔和奎洛兹凭借对飞马座 51 星的研究成果获得 2019 年诺贝尔物理学奖

每当人类发现一颗新类型的光变恒星，都会得到一些有价值的天文学成果。所以当人类又发现了一颗奇特的光变恒星时，立即在天文学家和天文爱好者中引起了轰动。这颗恒星的编号为 KIC 8462852，它一直隐藏在开普勒望远镜已经观察过的 20 多万颗恒星中。

位于天鹅座的 KIC 8462852

光变"怪咖"塔比星

根据开普勒望远镜的历史数据，KIC 8462852 的亮度自 2009 年 1 月起持续减弱，一周后又逐渐恢复，这种变化规律不太可能是被一颗标准的行星遮挡造成的，因为行星遮挡总是干净利落，亮度马上下降，然后平稳地维持数小时，接着迅速恢复。如果把亮度的变化用曲线表示出来，这根曲线是对称的。**但 KIC 84 62852 就完全不同了，它的亮度下降与恢复阶段从光变曲线上看是不对称的，这与已知的任何恒星光变理论都不相符。**

到了 2011 年的 3 月，出现了令所有的天文学家们都大跌眼镜的新情况，KIC 8462852 的亮度在一周之内骤降 15%，3 天后又恢复了正常。虽说这种程度的光变对于肉眼观测来说并不明显，但对于恒星来讲已经是相当巨大的变化了。

假如这是由一颗行星遮挡造成的光变，那么它的视面积需要达到恒星视面积的 15%，也正是这个原因，让几乎所有科学家都认为 KIC 8462852 的光变不太可能来自行星的遮挡。

2013 年 2 月，KIC 8462852 再次挑战了天文学家们的想象力极限。这次它的变化更加惊人，在光变曲线上出现了一连串的"毛刺"，有时候保持一两天，有时候则持续一周，这一连串的亮度减弱现象持续了 100 天左右，亮度下降超过了 20%。KIC 8462852 奇特的光变曲线，在开普勒望远镜的观测数据中是独一无二的。

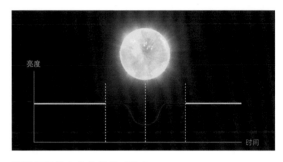

通常恒星的光变曲线是对称的

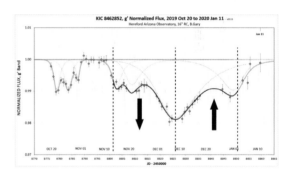

KIC 8462852 的光变曲线呈现诡异的走势

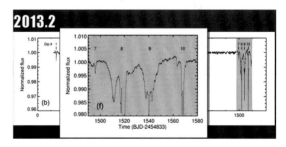

KIC 8462852 独有的"毛刺"状光变曲线，一时间让科学家们完全无法给出合理的解释

美国耶鲁大学的天文学家塔贝莎是第一个注意到该恒星的天文学家,从 2009 年开始,她就对这颗奇特的恒星产生了强烈兴趣,并对它进行了深入的研究。她的研究成果在 2015 年一公布,整个天文学圈子都轰动了。

从历史数据中不难看出,塔比星的亮度似乎每隔 800 天左右就会出现一连串的大幅变化,并且会断断续续持续很长一段时间。但遗憾的是,2015 年 4 月,正是天文学家们预测的塔比星亮度下降的时期,开普勒望远镜出现了故障,没有获取到塔比星的数据。好在 2017 年 5 月,塔比星的亮度变化如约而至。

人们用塔贝莎的昵称 Tabby 来称呼 KIC 8462852,也就是塔比星

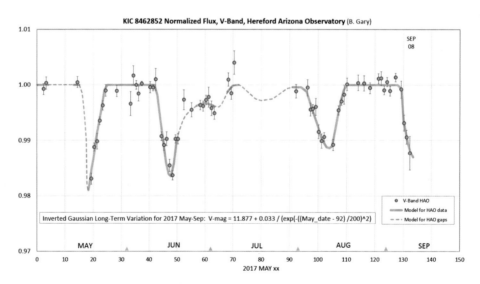

2017 年 5 月的光变正如人们预期的一样准时来临

正当人们确信自己摸清了塔比星的"脾气"时，2019 年该出现的亮度变化却又姗姗来迟，一直到 10 月，人们才等到塔比星明显的亮度变化。

此时，一团巨大的谜云笼罩在所有天文学家的头上，塔比星奇特的光变曲线背后到底隐藏着什么？从每两年多一次大致有规律的大幅度的亮度变化来看，一定是有什么东西周期性地遮挡住了塔比星，但是这个东西肯定不是一个具有对称结构的天体，那它到底是什么呢？

美国宾夕法尼亚州立大学的贾森·赖特等科学家提出了一个猜想，**这有没有可能是戴森球或者它的变体呢？** 当这个有点儿疯狂的猜想出现在科学家的正式论文中时，瞬间就"引爆"了媒体。还记得 2015 年 10 月"刷爆朋友圈"的新闻吗？许多媒体都用"科学家声称找到了外星文明存在的证据"这类的字眼吸引读者的注意。

虽然听上去很不可思议，但细细想来，确实没有哪一条物理法则禁止这样的事情发生。一个文明对能量的需求几乎是无限的，外星文明向它的母恒星寻求能量，从道理上来讲是合乎逻辑的。但是，非同寻常的主张就需要非同寻常的证据，塔比星奇特的亮度变化，到底是不是外星人在建造戴森球时引起的呢？

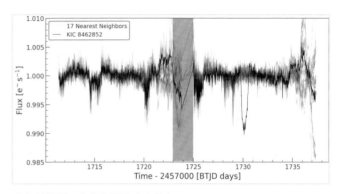

人们总是跟不上塔比星的光变节奏

美国物理学家戴森提出的新概念让人类对宇宙有了新的想象空间

戴森球

戴森球是什么 ←

美国物理学家戴森在 1959 年提出，一个高度发达的外星文明，由于对能源的需求特别巨大，有可能会向太空中发射无数个能量采集器，甚至把整颗恒星给包裹起来，形成球状，戴森提出的这个概念就被称为"戴森球"。

一探究竟

2015 年 10 月 15 日到 30 日，美国的艾伦射电望远镜阵列对准塔比星，进行了长达 150 小时的监听，希望能够找到带有智慧文明特征的无线电信号，遗憾的是，科学家们没有收到任何有价值的信号。但这依然无法排除塔比星存在外星文明的可能性，因为对于 1480 光年外的塔比星来说，人类的艾伦射电望远镜阵列的灵敏度还是太低了，它最多只能监听到精准朝向地球的高强度信号。在如此苛刻的条件下，我们收不到"塔比星人"的信号也不足为奇。

在天文学研究中，对于任何一种奇特的现象，一般来说，科学家都会把外星人列为最后一种可能。对于塔比星奇特的光变曲线，天文学家们还是倾向于相信这是自然发生的。2017 年 7 月，西班牙的天文学家团队在著名的《皇家天文学会月刊》上发表了一篇论文，他们提出了一个模型，用来解释塔比星奇特的光变曲线。

他们认为，有一颗行星绕着塔比星公转，公转周期约等于 12 年，轨道半径大约是 6 天文单位。这颗行星体形巨大，半径差不多是塔比星半径的 1/3，最奇特的是，它带有一个巨大的倾斜的环带，而这个环带的宽度甚至达到塔比星直径的 5 倍左右。假如是这样一颗行星遮挡了塔比星，就能解释由 2011 年 3 月的那次亮度变化得出的光变曲线。

西班牙天文学家团队还提出，在这颗巨大行星的公转轨道上，还一前一后分布着两片小行星带，就好像太阳系的木星公转轨道上（在木星与太阳的第四和第五拉格朗日点分别用 L₄ 和 L₅ 表示）分布着的那两片特洛伊小行星带。

艾伦射电望远镜阵列连续 150 小时监听来自塔比星方向的信号，但毫无所获

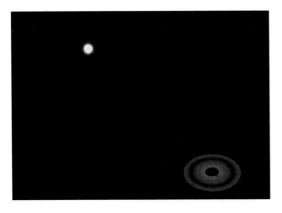

科学家提出的假设，有一颗带有环带的行星围绕塔比星公转，并且轨道内还有两片小行星带

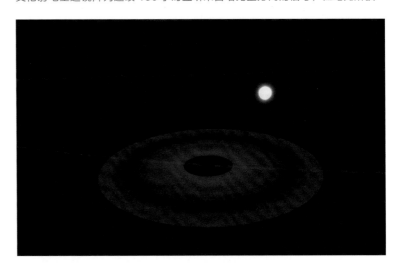

一颗带有巨型环带的行星才能合理解释塔比星 2011 年 3 月发生的奇怪亮度变化

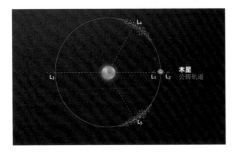
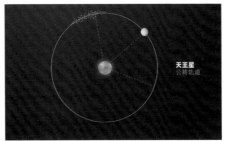
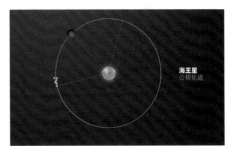

太阳系大行星公转轨道上常见的小行星带

这种小行星带普遍存在于太阳系的大行星公转轨道上。假如围绕塔比星公转的那颗大行星也携带着两片小行星带，就可以解释 2009 年和 2011 年观测到的奇特亮度变化。

虽然这个模型可以解释已经发生的现象，但还远远不够。**一个模型或预测，想要得到科学界的最终承认，必须具备 3 个基本条件：一是它必须要能够解释已经发生的现象，二是它必须能够预测尚未发生的现象，三是这些预测必须具备可证伪性。**

这 3 个条件缺一不可，而科学的魅力就来自这种严谨和苛刻。

西班牙天文学家团队根据他们的理论模型，在给出解释的同时，继而提出了两个重要的预测。

第一个预测是，从 2021 年 2 月开始，第四拉格朗日点上的小行星带开始遮挡塔比星，在此后的几个月中会产生一系列复杂的光变曲线，这些曲线的末尾阶段会和 2009 年的那次亮度变化形成的光变曲线近似。

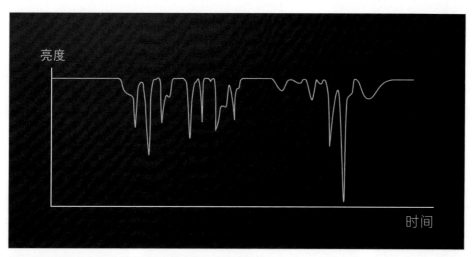

塔比星可能正在上演如 2009 年一样的惊人的光变现象

161

第二个预测是，到 2023 年中时，那颗巨大的带环带的行星又会遮挡塔比星，于是塔比星会产生近似 2011 年 3 月的那次亮度变化。

他们的这两个预测是否会如约而至呢？

不过，即便西班牙天文学家团队的预测完全准确，他们的模型还是不能完全解释塔比星的光变曲线。比如 2018 年那次短暂的亮度下降，就无法用这个模型来解释。

另外，来自开普勒望远镜的数据表明，塔比星的亮度从整体上来说在持续变暗，在开普勒望远镜的观测期间，塔比星在最初的 1000 天中，以平均每年 0.341% 的速率变暗，在接下去的 200 天中变暗的速率突然加快，总计下降超过了 2%，但在最后的 200 天中，它的亮度又几乎没有变化。这个情况，就给本已经足够诡异的塔比星又增添了一丝神秘的气息。

由此可见，很难用单一的理论模型来解释塔比星奇特的光变曲线。

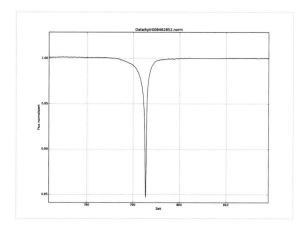

科学家们预测，塔比星 2023 年的光变现象会与 2011 年 3 月的那次类似

用怪理论解释怪现象

自 2015 年塔比星被高度关注以来，天文学家们纷纷给出了各种各样的猜想。2017 年 11 月，美国华盛顿大学的卡茨教授在《皇家天文学会月刊》上发表了一篇研究塔比星的论文。他另辟蹊径，提出了一个非常有趣的解释：我们为什么要先入为主地认为塔比星的光变一定是塔比星系中的事件呢？为什么就不能是我们太阳系中的事件呢？

假如有一群小天体在太阳系的外围绕着太阳转，形成一个稀疏的太阳环带，它也有可能每隔两年经过一次开普勒望远镜的观测方向，因而遮挡住塔比星。卡茨教授对这个模型进行了详细的计算，不仅计算出了这个环带与开普勒望远镜绕日轨道之间的夹角，还得出了环带的质量、公转周期等数据，同时也做出了若干预测。

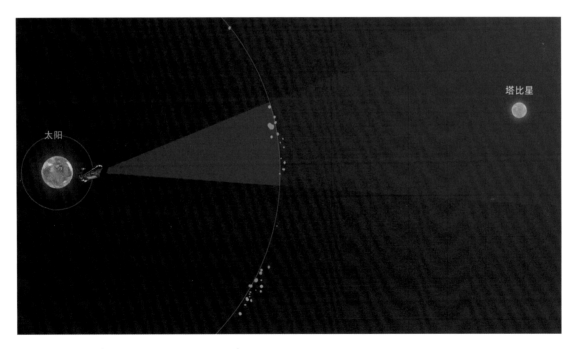

有的观点认为是太阳系周围的小行星带遮挡了塔比星射向开普勒望远镜的光线

除了上面这些比较出名的正式发表的论文，关于塔比星的猜想还有很多，例如彗星环假说：有一大群个头大小不等的彗星绕着塔比星公转，形成一个彗星环，考虑到彗星的形状并不对称，彗头和长长的彗尾遮挡效果并不一样，这就很容易解释为什么光线的减弱和恢复是不对称的。要挡住主星 20% 的光，就需要 30 颗半径 100 千米，或者 300 颗半径 10 千米的彗星。

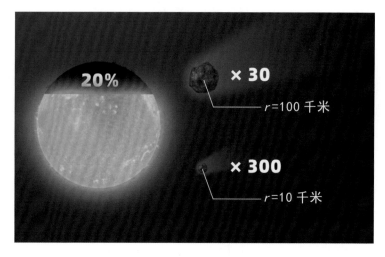

要挡住主星 20% 的光，就需要 30 颗半径 100 千米，或者 300 颗半径 10 千米的彗星

排除掉所有的不可能，就是正确答案吗

塔比星是到目前为止银河系中最令人着迷的天体之一。那么如果我们在未来能够把戴森球以外的所有假说一一排除，是不是就能认定戴森球假说就是正确的解释呢？有些科学爱好者很喜欢福尔摩斯的那句名言：排除掉所有不可能的，剩下的那个，哪怕再不可思议，它也是真相。但是我却想告诉大家，**福尔摩斯的这句名言在天文学领域并不适用。**

哪怕关于塔比星的所有假说被我们全部一一证伪了，但我们依然无法证明塔比星一定存在外星文明。因为天文学发展至今天，人类也只是揭开了宇宙大幕的一个小角，可能连真正的舞台长什么样都还没有看见，我们现在能够做出的假设和猜想远远谈不上"排除所有不可能"。**对于探索宇宙来说，找到证据来证明自己的猜想，是我们必须坚守的信念。**

塔比星的故事还没有结束，让我们一起期待人类揭开塔比星之谜的那一天吧！

《寻秘自然》影片赞助人名录

迪拜王永红	许章铭	许章铨	尹烨	李建邦	金诚同达彭俊	陶勇	深圳老于夫妇	文涛	俊衡＆俊奕	刘飞跃
Patrick Zhao	张栋	许建刚	龙至恒	美登科技	奕宁奕静	蒋林煜	switch	台湾听友会	蓝鸿江	翔子
刺蔷薇	果芒	李雨灵	桑建军	石牧之	达工	气气＆氕氕	吕游和吕微	Veteran 王	赵世坤	袁鲲
域千城	峰味物理	李林翰	肖满	房萌	予芊予嘉	金陵图书馆	五月	李宣达	李东旭	玉米糖
王昱	全彦和	xingxd	张竹逸	贺建闻	曲曲	宗华	旭儿＆瑶瑶	竺颖	橙小茜	口十金冈
健健和墨墨	傅松	喜蛋豆米	MIKE.TAN 笑	一价 Ag+	周后伟	十月的天空	解少贤	蔬果瞄	杨滢嘉	云龙
刘伊诺	肖俊健	廖焌宇	张嘉涵	王睿	王一帆	程成	唐卓	许未爱科学	好小只	陈思睿
尼尔斯玻尔	李墨	暗夜公爵	王仁义	上帝的梦境	誉文誉展爸	齐旺	柳想	彭玉娟	李艇	Ashuai-Snail
余俊杰	张靖	石安然	李沁远	沈建丰	和静怡真	牛吧新媒	陈尔雅	陈之桥	陈止白	张可欣
李星辰	侠者 - 清	申梓墨	蔡南杰	Amak	凌劭	仙童净品	郝晓影	李泽宇	崔博兴	戴丹

小煜 & 小慧　行长　周不比　林子舒　李俊铎　王艺涵　幸福王培越　王智勇　zxd　冯怡霖　我的样子　光光的家　师说教育　深山、小木屋　王立贤　刘容容　蔡怡彤　扉页　郝锦涵　宋知然爸爸　廖雨岑　老兔2020　丫丫爱科学　张辉　王威　朱思远　周扬隽　湛雄　雨禾 & 雨桐　Ares 扬牧涵　刘显波　Amy 孙瑞　王博旸　程嘉仪同学　李雅文　陈耘初云朗　瑞瑞和果果　赵一尔　风云　小粿　宋玥凡　鸡翅小同学　朱子怿　肖笛　李姝芃　薛佳睿　吴章元　袁启航　野明人

NB 许夏诺　汪汪和宝宝　YC 李　感动　李宗航　张子鸿　邢瑄芮　毛运超　泰和阳复　西珠　Best Karl　黎子轩　苏蔚晴　大汉　江天开　悦 & lucky　尚奕淳　萧韫　如数家珍　李振法　洪一允　龚爽　张昭　赵潘海　刘飞甫　蒋熙诺　笛子　李创　BC & DC　扬子义　陈子涵　刘柏仁　任容乐　任容均　高杨果　郭劲涛　欧卡玩家　陆浩文　刘晖 & 刘乐　彭琴　朗龙黄建立　候谦恒　湛恩　海晨　文渊　吴佳凌　梁京乐　黄衍舟　王兆谷

袁殊　陶笛晶晶　王慧燕　周昊　Merlisa　程是闻　张翔　Yvlu　呆呆 & 小仙女　陈嘉敏　车永安　彭聂晗　SiS4Ever　吴㳺大　姜桦　明雪　SillyBird　许英洙　Mr. Wu　邢子鱼　许敏哲　李红志　阿信　李明恩　曾昱源　唐唐　方丽敏　王汐冉　罗辰钰　吴铭　兔子叔叔　程泽一　任兴至亲　小瑜儿　吴厘　宋壮壮　沐天拜天　小米　钟胤哲家　史桐歌　飞鸟和鱼　草木茂盛　赵彦博　何晨祥　剑过无声　板王奋斗　史安禾　林小军　Anna

赫嘉林　史伟杰　陈原圣　熊煜　李沐阳　毅嘉麻雀　李睿　高冰　祥瑞爸爸　陆启耘 oO　王云志　陈薇雅　王玥遥　汪晓燕—哈药　高坚　田皙皙　小娇 & 多多　胡小翔　皇甫　王坎头人士　Mickey Li　小番茄　蓝精灵　小蕙绮　梦瑜斯坦　Homo Spains　小吴先生　许康　晨 & 帆　宥宥和啸啸　燕浩冉　Elvin Li　后山人　徐沛豪　小李哥　陈彪　晗晗　大超多　苗苗爱科学　邱晨杰　赵伟鸿之子　Terry Zhang　文渊　翊诺 @ 黄义亮　张龙　田佳丰　杨航　大高人　谢心岚

刘杰李敏华　黄厚淳　金雅臻　何芷瑶　何嘉宝　隋顺意　姜语冰　孙睿泽　常云绍　R.McCartney　麦穗　王亦杨　杨晨　姜泊言　王梓萱　王梓桥　兮兮北北　杨洋明　陈春光　凌 & 馨　罗珍曦妮妮　张隽宜　米书　蓝调主义　张三千　刘芷妤　李俊 IMR　李若谷　李梦梦　可可和蜗牛　胡董康　cancerkiller　林伟曜同学　彭文荣　Neo　王旭东　陈思羽　博物馆小猪　小 66 的一家　周天承　江海大夏青　陈冬春　王王木木　西格蒙德　林钦玉　郭璞　林金龙　钦舞飞杨　吴俊言

Hongli Zhu　张禾　方阳人　章柔嘉　张语然　胡新新　闻喜贾利伟　李珺芳 & 刘攀　王思危　施鹏飞　廖心远　魔忆圣卦　张帝君王浩　飞羽　郭书依　陆亦程　熊 & 笨你妹　杨亦然　应歆玥　区均成　葛腾　李文博　赵大米　蓝精灵　朱奕橙　陆霄　季二少　琥珀峰　卢　陈爽 & 何雨欣　徐帅　赵曦晨　yaavi.me

图书在版编目（CIP）数据

寻秘自然 / 汪诘著. -- 北京 ：人民邮电出版社，
2022.11（2023.11重印）
　ISBN 978-7-115-59896-7

　Ⅰ. ①寻… Ⅱ. ①汪… Ⅲ. ①自然科学－普及读物
Ⅳ. ①N49

中国版本图书馆CIP数据核字(2022)第182479号

内 容 提 要

　　本书由著名科普作家汪诘创作，主要围绕生命起源、探秘寒武纪、物种灭绝、地磁倒转、球状闪电、湍流之谜、快速射电暴、恒星光变等八个令人着迷的科学现象展开探寻。

　　本书立足于弘扬科学精神，通过富有冲击感的画面和巧妙的故事向读者展现科学家如何通过严谨的手段与合理的猜想去解开自然界中的诸多谜题。

　　本书不仅仅传播科学知识，更重要的是传播科学精神，从而让读者领悟什么是真正的科学精神。

◆ 著　　　　汪　诘
　　责任编辑　赵　轩
　　责任印制　陈　犇
◆ 人民邮电出版社出版发行　　北京市丰台区成寿寺路 11 号
　　邮编　100164　　电子邮件　315@ptpress.com.cn
　　网址　https://www.ptpress.com.cn
　　北京九天鸿程印刷有限责任公司印刷
◆ 开本：889×1194　1/20
　　印张：8.8　　　　　　　　　2022 年 11 月第 1 版
　　字数：162 千字　　　　　　 2023 年 11 月北京第 2 次印刷

定价：99.80 元

读者服务热线：**(010)81055410**　印装质量热线：**(010)81055316**
反盗版热线：**(010)81055315**
广告经营许可证：京东市监广登字 20170147 号